Torsten Michaely

SCHLEPPERELEKTRIK

PORSCHE DIESEL
Standard

Torsten Michaely

SCHLEPPERELEKTRIK

VERSTEHEN UND REPARIEREN

Für alle Typen und Modelle

2., aktualisierte Auflage

Illustrationen: Jule und Emma Michaely
180 Farbfotos
77 Zeichnungen
18 Tabellen

Torsten Michaely, geboren 1969, hat selbst schon mehrere Traktoren restauriert.
Mit der Ausbildung zum Kfz-Elektriker und zum Kfz-Mechaniker-Meister hat er seinen Traumberuf erlernt. Dieses hat er mit seiner Erfahrung zusammengelegt und das Buch „Schlepper Elektrik leicht gemacht“ vom Praktiker für den Praktiker geschrieben.

Vorwort

Abb. 1 vorher.

Abb. 2 nachher.

Dieses Buch bietet alles Wichtige rund um die Elektrik eines Traktors. Der Schwerpunkt liegt dabei bei den alten, historischen Schleppern. Ich habe die Fragen, die bei der Restaurierung meiner eigenen Schlepper aufgetaucht sind, in diesem Buch niedergeschrieben. Schaltpläne, Anleitungen, Tipps und Tricks aus der Elektrik.
Diese Kniffe sind nicht nur für die Porsche-Schlepper gültig, sondern auch für alle anderen alten Traktoren. Wer einen Traktor restauriert, kann mit diesem Buch viele seiner Fragen im Selbststudium erlernen.
Bevor wir ans Eingemachte gehen, müssen wir einen Ausflug in die Grundlagen der Kfz Elektrik machen. Auf den folgenden Seiten erkläre ich alles, was wir brauchen, um die Elektrik unseres Traktors zu verstehen. Was ist Spannung, Strom, Widerstand. Ja, alles schon einmal in der Schule gehört, aber es ist lange her. Uri, nein nicht Uri Geller, sondern

$U = R \times I$

eine wichtige Formel mit dem magischen Dreieck, dem Ohm'schen Gesetz.
Ich erkläre in Kurzform den Umgang mit einem Multimeter. Berechnungen mit den dazugehörigen Formeln aus der Praxis und für die Praxis zeige ich anhand von Beispielen. Ich beziehe mich oft auf einen Porsche-Traktor, da ich diesen sehr gut kenne und auch schon welche restauriert habe. Die Elektrik ist aber bei den meisten Traktoren gleich und kann auf alle angewendet werden. Die Schaltpläne der einzelnen Traktoren unterscheiden sich nur wenig.

Viel Spaß beim Lesen.

Torsten Michaely

Inhalt

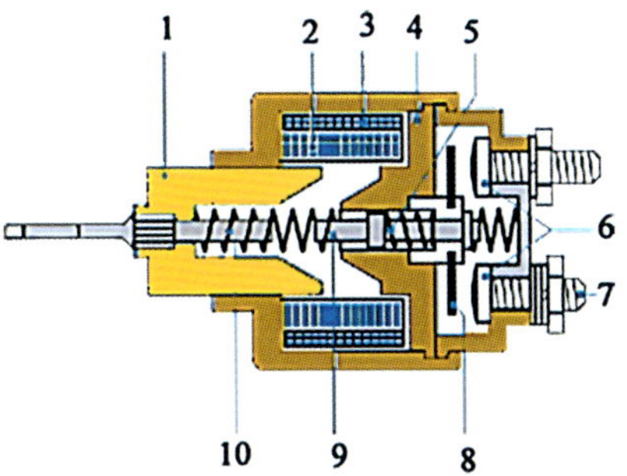
1
2
3
4
5
6
7
8
9
10

Grundlagen der Kfz-Elektrik

Bezeichnungen und Formeln

Bezeichnungen der wichtigsten elektrischen Größen und Abkürzungen			
Basisgröße	**Formelzeichen**	**Einheitszeichen**	**Einheit**
Spannung	U	V	Volt
Strom	I	A	Ampere
Widerstand	R	Ω	Ohm
Leistung	P	W	Watt
Akkukapazität	K	Ah	Amperestunde
Temperatur	T	K	Kelvin
AC	Alternating Current	Wechselspannung	
DC	Direct Current	Gleichspannung	
Relais	Elektrisch betätigter Schalter		
Lima	Lichtmaschine/Generator		
Spannungsabfall	Jeder Leiter hat einen Widerstand. Bei Stromdurchfluss fällt die Spannung an diesem Widerstand ab. Das bezeichnet man als Spannungsabfall. Je länger eine Leitung und/oder je kleiner der Querschnitt ist, desto größer der Widerstand, und somit auch der Spannungsabfall! Hier ein Beispiel: Länge 1 m, Strom 10 A, Querschnitt 1,5 mm^2 = 0,119 V Länge 10 m, Strom 10 A, Querschnitt 1,5 mm^2 = 1,19 V		

Abb. 3 Die drei elektrischen Grundgrößen (Illustration Emma Michaely).

Zusammenhang der drei elektrischen Grundgrößen

Wie kann ich mir das vorstellen?
Ein Beispiel mit Wasser.

Die Spannung ist der	Wasserdruck
Die Stromstärke ist die	Wassermenge
Widerstände sind	Rauigkeit der Rohre, eingebaute Krümmer usw.

Ich hatte dieses Bild mal gesehen und habe meiner Tochter Emma gesagt, sie möge mir dieses Bild malen, denn es beschreibt diese Zusammenhänge sehr plastisch.

Das Ohm'sche Gesetz „URI"

Das Ohm'sche Gesetz besagt, dass die Spannung U und die Stromstärke I in einem Leiter zwischen den Enden des Leiters direkt proportional sind. Die Formel URI ist die Darstellung dieses Gesetzes auf mathematischer Ebene. Mithilfe des Ohm'schen Gesetzes lassen sich die drei Grundgrößen eines Stromkreises berechnen, wenn mindestens zwei davon bekannt sind. Die drei Grundgrößen sind der Strom, die Spannung und der Widerstand.

Spannung U (V), Strom I (A), Widerstand R (Ω)

$$U = R \times I$$

$$I = \frac{U}{R}$$

$$R = \frac{U}{I}$$

Beispiele:

$2\,A \times 6\,\Omega = 12\,V$

$24\,V / 12\,\Omega = 2\,A$

$5\,V / 0{,}1\,A = 50\,\Omega$

Abb. 4 URI-Dreieck.

Abb. 5 URI-Dreieck mit Hand.

Das magische Dreieck von Ohm

Wenn man sich dieses Dreieck verinnerlicht hat, kann man alle drei elektrischen Grundgrößen ausrechnen.
Das magische URI-Dreieck kann als Hilfsmittel verwendet werden, um die verschiedenen Formeln des Ohm'schen Gesetzes zu ermitteln. Der Wert, der berechnet werden soll, wird abgedeckt. Mit den beiden übrigen Werten wird das Ergebnis ausgerechnet.

Hier ein Beispiel:

$$R = \frac{U}{I}$$

Leistungsberechnung

Die elektrische Leistung gibt an, wie viel elektrische Arbeit der elektrische Strom in jeder Sekunde verrichtet bzw. wie viel elektrische Energie in andere Energieformen umgewandelt wird.
Das Formelzeichen ist: P
Leistung P (W), Spannung U (V), Strom I (A)

$$P = U \times I$$

$$U = \frac{P}{I}$$

$$I = \frac{P}{U}$$

$$P = I^2 \times R$$

Beispiele:

10 W = 12 V × 0,83 A
24 V = 10 W/0,42 A
10 A = 120 W/12 V
120 W = 10 A² × 1,2 Ω

Berechnung der Akkukapazität

Kapazität K [Ah], Strom I [A], Zeit t [h]

$Ah = I \times t$

$$I = \frac{Ah}{t}$$

$$t = \frac{Ah}{I}$$

Beispiele:

140 Ah = 10 A × 14 h

5 A = 140 Ah/28 h

24 h = 140 Ah/5,8 A

Berechnung des Spannungsfalls im Leiter

In jedem geschlossenem Stromkreis entsteht in den Leitungen ein Spannungsabfall. Dieser Spannungsabfall ist als Verlust zu betrachten.

Bei der Festlegung von Leiterquerschnitten wird zunächst der Spannungsverlust berechnet. In diesem Zusammenhang gilt:

U_v = Spannungsverlust

- Uv = für Ladeleitungen ≤ 3% der Nennspannung
- Uv = für Starterleitungen ≤ 4% der Nennspannung
- Uv = für sonstige Verbraucher ≤ 6% der Nennspannung

Beispiel:

$$U_v = \frac{U \times x\,\%}{100}$$

$$U_v = \frac{14V \times 3\,\%}{100}$$

$$U_v = 0{,}42\,V$$

Bei der Leitungslänge ist zu berücksichtigen, ob die Masse mit der Leitung des angeschlossenen Verbrauchers einher geht oder ob diese über die Karosserie mit Masse verbunden (keine eigene Rückleitung) ist. Denn dann kann mit der einfachen Leitungslänge gerechnet werden, weil die Karosserie als Rückleitung mit einem gegen 0 gehenden Widerstand gilt. Wird die Masse dagegen über eine eigene Leitung zum Verbraucher geführt, muss mit der doppelten Leitungslänge gerechnet werden.

Beispiel:
An einem 4 m langen Kabel mit 2,5 mm² Querschnitt fällt bei 20 A eine Spannung von

$$\frac{20 \times 0{,}0179 \times 4}{2{,}5} = 0{,}57\ \text{V ab.}$$

Formelangaben
Länge l in [m], Querschnitt A [mm²]
spez. Widerstand ρ (RHO) [Ω × mm²/m]
(Konstante Kupfer: 0,0179 Ω × mm²/m)

Beispiel:
Kabellänge 10 m mit einem Querschnitt von 1,5 mm²
Daraus ergibt sich:

$$R = \frac{I \times p}{A}$$

$$R = \frac{10\,\text{m} \times 0{,}0179\,\Omega}{1{,}5\ \text{mm}^2}$$

$$R = 0{,}12\,\Omega$$

Ableitung Spannungsabfall

$$U = R \times I$$

$$U = 0{,}12\,\Omega \times 10\,\text{A}$$

$$U = 1{,}2\,\text{V}$$

Der Spannungsabfall beträgt also 1,2 V bei einem Kupfer-Querschnitt von 1,5 mm², einer Kabellänge von 10 m und einem Strom von 10 A. Das entspricht einer realen Länge zum Verbraucher von 5 m (hin und zurück), wenn die Masse nicht über das Gehäuse zurückgeführt wird.

Spannungsverlust in der Leitung

Berechnung Leitungsquerschnitt

$$Q = \frac{I \times L \times 0{,}018}{\text{Delta U}}$$

Die Formel an sich ist etwas komplizierter, ich habe sie der Einfachheit für unsere Zwecke abgekürzt. Dabei ist Q der benötigte Querschnitt, I der Strom, der durch das Kabel fließt, L die Länge, (0,018 konstante Kupfer) und Delta U der hinnehmbare Spannungsverlust im Kabel.

Beispiel:
4 Glühkerzen 40 A Stromaufnahme
Für die Hauptleitung vom Glühschalter zu den Glühkerzen am Traktor (I = 40 A, L= 1,5 m) ergibt das bei einem tolerablen Verlust von 0,25 V:

$$Q = \frac{40\,\text{A} \times 1{,}5\,\text{m} \times 0{,}018}{0{,}25\,\text{V}}$$

Ich habe mit einem Spannungsverlust von 0,25 V gerechnet. Es würden auch 0,5 V reichen, mit 0,25 V Spannungsverlust ist man aber auf der sicheren Seite. Aus Sicherheitsgründen sollte der Spannungsabfall aber nicht mehr als 0,5 Volt betragen.
Q = 4,3 mm^2 theoretischer Querschnitt
Das heißt, es muss ein 6 mm^2 Kabel verlegt werden, damit von 12 V Batteriespannung noch 11,75 V an der Glühkerze ankommen.

Die Querschnittsberechnung ist immer dann wichtig, wenn man nicht weiß, welche Kabel Original eingebaut wurden. So kann man sich weiterhelfen.

Mittlerweile gibt es tolle Apps für Android und Apple, die sehr helfen können.

Beispiel:
2 Glühkerzen 20 A Stromaufnahme
Für die Hauptleitung vom Glühschalter zu den Glühkerzen am Traktor (I = 20 A, L= 2 m) ergibt das bei einem tolerablen Verlust von 0,25 V:

$$Q = \frac{20\,A \times 2\,m \times 0{,}018}{0{,}25\,V}$$

Q = 2,88 mm² theoretischer Querschnitt
Das heißt, es muss ein 4 mm² Kabel verlegt werden, damit von den 12 V Batteriespannung noch 11,5 V an der Glühkerze ankommen.

> **Merke**
> *Es wird immer auf den nächsthöheren Querschnitt nach DIN aufgerundet.*
> **Beispiel:** *3,88 mm² auf 4 mm² oder 5,62 mm² auf 6 mm²*

Das Formelrad der Elektrotechnik

Beim Formelrad der Elektrotechnik hat man alle wichtigen Formeln, die man zur Berechnung der Elektrik an einem Fahrzeug braucht, immer schnell zur Hand.
Wenn man es sich nicht merken kann, dann einfach Ausdrucken und z.B. außen an die Werkzeugkiste kleben.

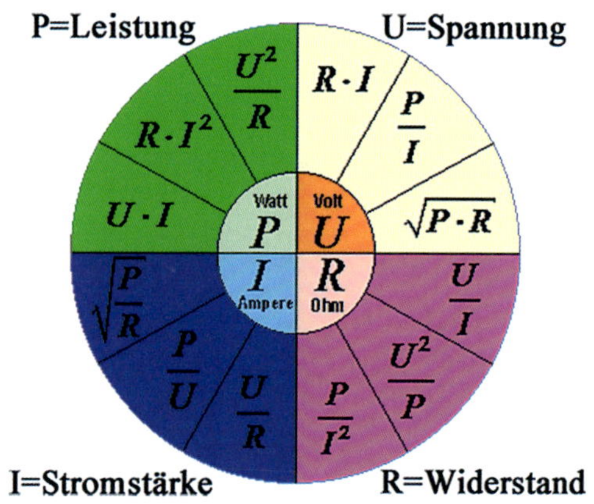

Abb. 6 Formelkreis
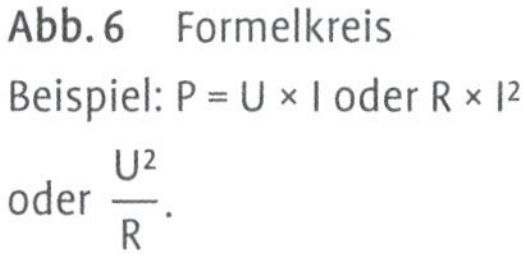
Beispiel: $P = U \times I$ oder $R \times I^2$ oder $\frac{U^2}{R}$.

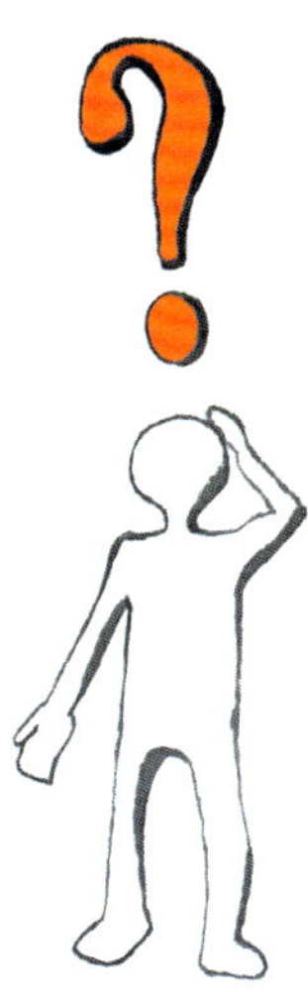

Beispiele Berechnungen
Hier ein paar Beispiele, was man alles ausrechnen kann.

Batterie
Gegeben: 70 Ah Batterie, 4 Glühlampen á 5 W = 20 W, Spannung 12 V
Gesucht: Parkdauer mit Standlicht berechnen

Lösung: $I = \frac{P}{U}$

$I = \frac{20\,W}{12\,V}$

$I = 1{,}66\,A$

$\text{Parkdauer} = \frac{70\,AH}{1{,}66\,A} = 42\,\text{Stunden}$

Man könnte also rein rechnerisch 42 Stunden mit Standlicht parken. Über Nacht brennen lassen ist also normalerweise mit einer vollen Batterie kein Problem. Natürlich darf die Kapazität von einer Batterie nie voll gerechnet werden. Denn eine Bleibatterie kann nur ca. 50 % ihrer Kapazität nutzen.

Sicherung berechnen
Gegeben: 2 Birnchen á 45 W, Spannung 12 V
Gesucht: Welcher Strom fließt in A (Ampere)

Lösung: $I = \frac{P}{U}$

$I = \frac{90\,W}{12\,V}$

$I = 7{,}5\,A$

Es muss also eine Sicherung von 8 Ampere eingebaut werden.

Gegeben: Glühkerze U = 1,2 V R = 0,024 Ω
Gesucht: a) elektrische Leistung P in W (Watt)
b) Strom I in A (Ampere)

Lösung:

$$P = \frac{U^2}{R}$$

$$P = \frac{1{,}2^2\ V^2}{0{,}024\ \Omega}$$

$$P = 60\ W$$

$$I = \frac{P}{U}$$

$$I = \frac{60\ W}{12\ V}$$

$$I = 5\ A$$

Multimeter

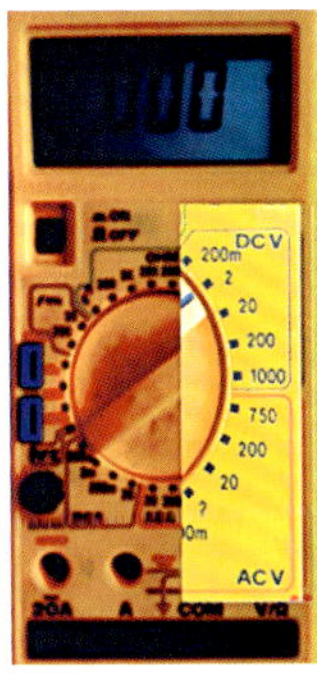

Abb. 7 Multimeter
Strom in Ampere (A)
Spannung in Volt (V)
Widerstand in Ohm (Ω).

Umgang mit dem Multimeter

Für unsere Zwecke reicht ein Multimeter für 10–20 €. Es gibt natürlich auch Multimeter für 50 € und mehr, aber die Funktionen, die diese Multimeter haben, werden für unsere Zwecke nicht gebraucht.

Hier ein paar Begrifflichkeiten und Hinweise zum Umgang mit dem Multimeter.

AC → Alternate Current → Wechselspannung
DC → Direct Current → Gleichspannung

Achtung!!!

Multimeter sind für Strommessungen nur bedingt geeignet, da sie höchstens 10–20 A aushalten. Bitte in der Anleitung nachlesen. Um höhere Ströme zu messen, braucht man einen Shunt oder ein Zangenamperemeter.

Spannung messen

Das Messgerät muss immer parallel zum Messobjekt geschaltet werden.

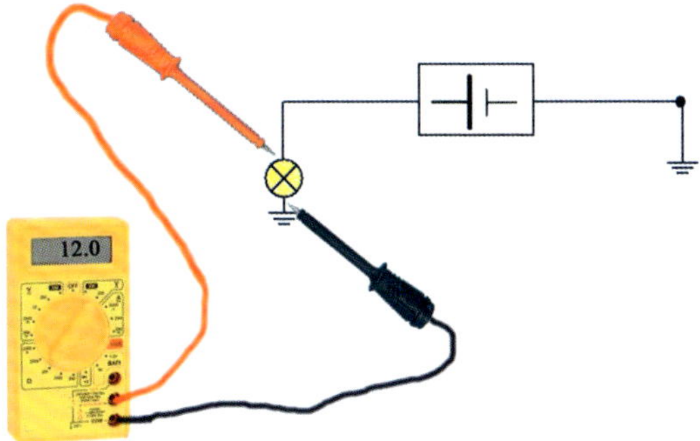

Abb. 8 Multimeter-Anschluss: Schwarz in die „COM“-Buchse Rot in die „V“-Buchse.

Vor der Spannungsmessung sind folgende Hinweise zu beachten:

- Die richtige Spannungsart muss ausgewählt werden (AC/DC).
- Bei Gleichspannung (DC) muss die Polarität beachtet werden.(+/−).
- Der richtige Messbereich muss eingestellt werden.
- Bei einem unbekannten Messwert muss der größte Messbereich eingestellt und langsam in den niedrigeren Messbereich geschaltet werden.

Strom messen

Das Strommessgerät wird immer in Reihe zum Verbraucher angeschlossen. Dazu muss die Leitung des Stromkreises aufgetrennt werden, um das Messgerät in den Stromkreis einfügen zu können. Während der Messung muss der Strom durch das Messgerät fließen.

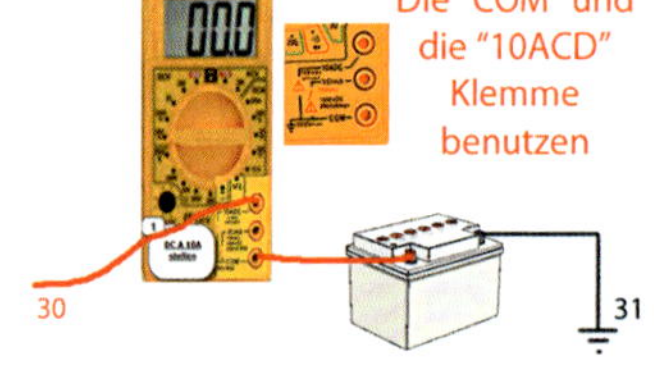

Abb. 9 Multimeter.

Vor der Strommessung sind folgende Hinweise zu beachten:

- Die richtige Stromart muss ausgewählt werden (AC/DC), in unserem Fall muss der DC-Bereich gewählt werden, da wir ja den Gleichstrom messen.
- Bei Gleichstrom (DC) muss die Polarität beachtet werden.
- Der richtige Messbereich muss eingestellt werden.
- Bei einem unbekannten Messwert muss der größte Messbereich eingestellt und langsam in den niedrigeren Messbereich geschaltet werden.
- Der Stromkreis muss aufgetrennt werden.
- Der Strommesser muss in Reihe zu den stromführenden Bauteilen geschaltet werden.

Wichtig!

Die Anschlüsse nicht verwechseln. Sonst droht Gefahr, das Gerät zu zerstören oder das die interne Sicherung auslöst.

Widerstand messen

- Das zu messende Bauteil darf während der Messung nicht an eine Spannungsquelle (Batterie) angeschlossen sein, weil das Messgerät über Spannung oder Strom den Widerstandswert ermittelt.
- Das zu messende Bauteil muss, wenn es eingelötet ist, mindestens einseitig aus einer Schaltung ausgelötet werden. Ansonsten beeinflussen parallel liegende Bauteile das Messergebnis.
- Der richtige Messbereich muss eingestellt werden.
- Jetzt wird entweder ein gültiger Messwert angezeigt oder eine Fehlermeldung, meist „–1“. Wenn dieser Fehler auftritt, ist der Widerstand für den gewählten Messbereich zu groß. Das Gerät so lange in den nächstgroßeren Bereich schalten, bis ein gültiger Messwert angezeigt wird.

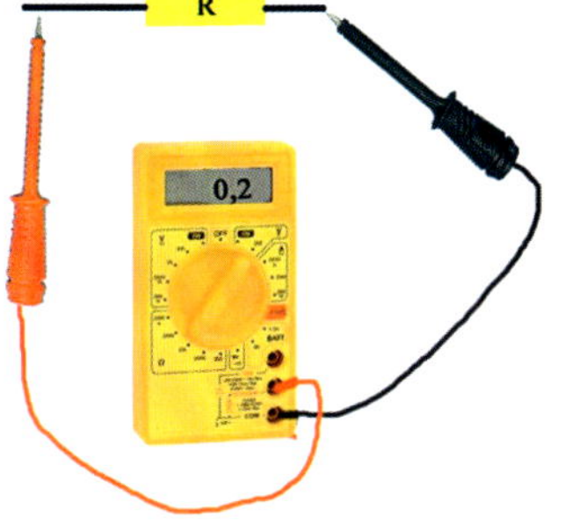

Abb. 10 Multimeter
Anschluss:
Schwarz in die „COM“-Buchse
Rot in die „V“-Buchse.

Hochwertige Multimeter stellen sich ihren Messbereich automatisch ein.

MERKE
Ohm immer ohne Strom

Natürlich habe ich hier nur einen kleinen Teil der Messtechnik beschrieben. Mit diesen Formeln und Beispielen müsste es aber gelingen, alles wirklich Nötige zu berechnen und zu messen.

Hinweis!
Bei allen Arbeiten an der Elektrik des Traktors muss der Minuspol der Batterie abgeklemmt werden.

Wichtiger Hinweis!!!
Alle beschriebenen Messungen beziehen sich auf die Elektrik im Kfz-Bereich und sind auf keinen Fall auf die Haus-Elektroinstallation übertragbar. Vorsicht Lebensgefahr!

Batterie

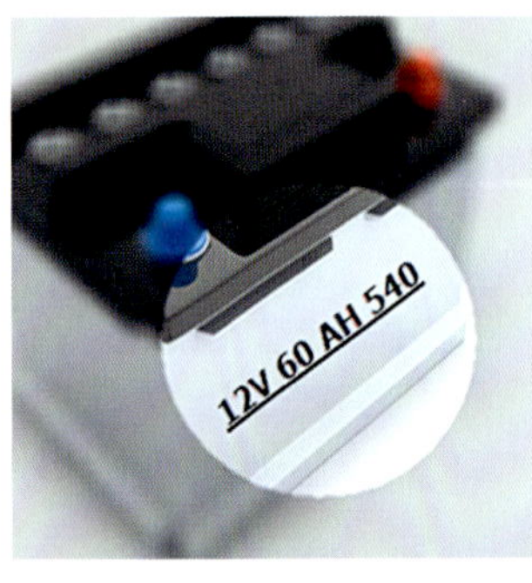

Abb. 11 Batterie
Kennzeichnung:
12 V = Nennspannung
60 AH = Nennkapazität
540 A = Kälteprüfstrom.

Die Starterbatterie (beim Traktor: Traktorbatterie oder Fahrzeugbatterie) ist ein Akkumulator, z. B. Bleiakkumulator, der den elektrischen Strom für den Anlasser eines Verbrennungsmotors liefert. Neben der Aufgabe des Anlassens, versorgt die Batterie bei nicht oder zu langsam laufender Lichtmaschine (= Generator) die elektrischen Verbraucher im Fahrzeug. Die Lichtmaschine lädt bei laufendem Verbrennungsmotor die Starterbatterie wieder auf.
Das Anlassen eines Verbrennungsmotors durch den Anlasser erfordert kurzzeitig hohe Stromstärken von mehreren 100 bis zu 1000 Ampere. Die Starterbatterie muss in der Lage sein, diese Stromstärke auch im Winter bei niedrigen Temperaturen zu liefern. Zudem darf die elektrische Spannung während des Startvorgangs nicht zu stark abfallen. Daher weisen Starterbatterien einen geringen elektrischen Innenwiderstand auf. Die Spannung beträgt vollgeladen >12,8 V. Starterbatterien sind Reihenschaltungen von meist Bleiakkumulator-Zellen, die jeweils eine Nennspannung von 2,12 Volt aufweisen. Um eine Nennspannung von 12 Volt zu erreichen, bedarf es daher der Reihenschaltung von sechs solcher Zellen zu einer Batterie.

Nennspannung

Die Nennspannung gibt nur einen Hinweis auf die zu erwartende Spannung. Die tatsächliche Spannung hängt vom Ladezustand der Batterie ab.

Nennkapazität

Die Kapazität ist ein Maß für die speicherbare Energie. Sie wird in Amperestunden (Ah) angegeben. Die gebräuchlichste Angabe für Starterbatterien ist der K20-Wert. Diese Zahl gibt Auskunft darüber, wie groß der Strom ist, der für die Dauer von 20 Stunden zur Verfügung steht. Eine 60-Ah-Starterbatterie kann z. B. über den Zeitraum von 20 Stunden einen mittleren Entladestrom von 3 Ampere abgeben (20 Stunden × 3 Ampere = 60 Ah), ohne dass dabei die Spannung unter 10,5 V absinkt.

Kälteprüfstrom

Der Kälteprüfstrom ist der Strom, mit dem die Batterie bei −18 °C entnommen werden kann, bevor die Batteriespannung nach einer festgelegten Entladezeit (30 Sekunden) unter eine festgelegte Entladeschlussspannung (9 V) sinkt (nach DIN).

Wartung der Batterie

Eine Batterie hat eine gewisse Selbstentladung, auch wenn keine Verbraucher angeschlossen sind. Batterien, auch wartungsfreie (nach DIN), muss man hin und wieder auf ihren Säurestand kontrollieren.
Dazu schraubt man die Verschlussstopfen heraus und prüft, ob der Säurepegel unter die durch das Einfüll-Loch sichtbare Höhenmarkierung gefallen ist. Ist das der Fall, füllt man es mit destilliertem Wasser auf. Die Bleiplatten müssen auf jeden Fall immer bedeckt sein.
Die Polklemmen müssen fest sitzen und sollten bündig mit den Polen der Batterie sein. Schmutzkrusten und weißgraue „Ausblühungen" an den Polen abbürsten, anschließend mit speziellem Polfett bestreichen.
Zum Überwintern der Batterie sollte man die Batterie ausbauen und an einem kühlen trockenen Ort lagern. Beim Ausbau der Batterie sollte übrigens immer der Minuspol zuerst abgeklemmt und beim Einbau auch wieder zuletzt angeklemmt werden.

Abb. 12 Batterie-Polreiniger als hilfreiches Werkzeug.

Merke:

Minuspol immer zuerst Abklemmen, beim Anklemmen umgekehrt.

Warum?

Wenn man die Verschraubung des Minuspols lösen will und hierbei mit dem Gabelschlüssel auf Masse kommt, passiert nichts. Würde man am Pluspol schrauben und dabei mit dem Werkzeug aus Versehen mit der Masse (z. B. Karosserie) in Berührung kommen, dann funkt es richtig. Im Extremfall schweißt sich der Schlüssel fest oder die Batterie explodiert. Beim Kurzschluss fließen mehrere Hundert Ampere.

Wie mein Lehrmeister immer sagte:

Merke:

„Plus an Masse das knallt klasse".

Beim Einbau der Batterie sollen die Klemmen an die sauberen und fettfreien Pole montiert und danach erst mit Polfett geschützt werden.
Im Fachhandel gibt es aktive regelbare Ladegeräte, die man zum „Überwintern" der Batterie anklemmen kann.

Hinweis!

Der Pluspol ist dicker als der Minuspol.

Messen der Batterie

Abb. 13 Multimeter.

Mit dem Multimeter am Plus- und am Minuspol messen.
Eine Batterie mit gutem Ladezustand hat eine **Ruhespannung** größer 12,60 Volt.
Die Ruhespannung einer Zelle beträgt ca. 2,10 Volt.
(Wir erinnern uns: 6 Zellen pro Batterie.)

Die Ruhespannungsmessung erfolgt nach mindestens drei Stunden Standzeit ohne Ladung.
Ist die Ruhespannung kleiner als 8 Volt, liegt eine Tiefentladung vor. Der Batterie wurde praktisch die gesamte Kapazität entnommen.
Ist die Ruhespannung größer als 13,1 Volt, liegt eine Überladung vor. Im Traktor ist die Reglerspannung zu prüfen.
Eine Batterie ist dann tiefentladen, wenn ihre gesamte Kapazität entnommen wurde. In Abhängigkeit von der Standzeit in diesem Zustand steigt die Schädigung der aktiven Massen. Die Platten sulfatieren und können nicht mehr aufgeladen werden. **Eine Tiefenentladung bei Blei-Säure-Batterien liegt bereits bei 11,9 vor**.
Die Batterie ist dann auf Dauer geschädigt. Man kann versuchen, sie mit sogenannten Pulsladegeräten noch einmal zum Leben zu erwecken, das ist aber meistens zwecklos.
Wenn man ein „normales“ Ladegerät hat, kann man versuchen, mit sehr geringem Ladestrom der Batterie noch einmal Leben einzuhauchen. Die Tiefentladung kommt vor allem bei saisonal genutzten Fahrzeugen wie Traktoren vor oder man hat vergessen, etwas auszuschalten.
Kurzschluss bedeutet den Ausfall einer Zelle und somit die Reduzierung der Ruhespannung um 2,1 Volt auf typische 10,5 Volt Kurzschluss-Spannung. Die Batterie muss dann ausgetauscht werden.
Altbatterien gehören nicht in den Hausmüll, man kann sie dort abgeben wo man die neue kauft (Batterieverordnung – BattV).

Abb. 14 Symbol „Vorsicht Säure“.

Säurestand prüfen (wenn möglich)

Beachten Sie die Warnhinweise und Sicherheitsvorschriften für Blei-Säure-Batterien.
Mindestens müssen Handschuhe und eine Säureschutzbrille getragen werden.
Der Zustand der Batteriesäure gibt Auskunft über den Zustand der Batterie. Über die Säuredichte kann die Fehlerursache des Batterieausfalls ermittelt werden.
Die Säuredichte soll bei einer guten Batterie in allen Zellen gleich sein. Die maximal zulässige Toleranz zwischen höchstem und niedrigstem Messwert der Zellen beträgt 0,03 kg/l.

Abb. 15 „Allgemeine Symbole“.

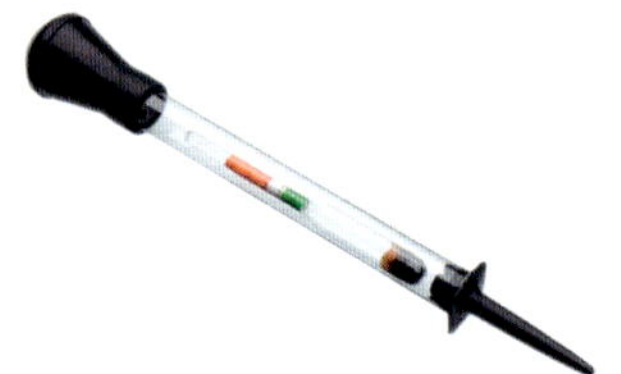
Abb. 16 Säureheber.

Sie sollten unbedingt daran denken, dass der Ladezustand der Batterie auch einen Einfluss auf den Gefrierpunkt der Batteriesäure hat. Eine geladene Batterie friert erst bei unter minus 60 °C ein. Bei einem Ladezustand von 50% liegt der Gefrierpunkt der Batteriesäure bei nur noch minus 14 °C.
Es gelten folgende Werte, die an der farbigen Scala des Säurehebers abzulesen sind.

Abb. 17 Säurespindel.

Säuredichte 1,26–1,28 kg/l	Batterie 100% geladen	100 %
Säuredichte 1,22 kg/l	Batterie 75% geladen	75 %
Säuredichte 1,19 kg/l	Batterie 50% geladen	50 %
Säuredichte 1,16 kg/l	Batterie 25% geladen	25 %
Säuredichte 1,12 kg/l	Batterie entladen tief entladen	0 %

(ca.-Angaben)

Säure bewerten

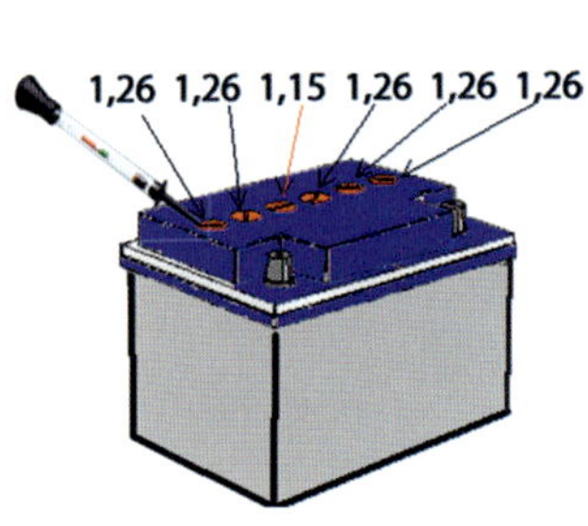

Abb. 18 Batterie.

Beispiele:

- Die Säuredichte ist in einer Zelle stark abgefallen.
  Maßnahme: Batterie ersetzen.
- Säure bräunlich oder Säurestand zu niedrig oder ständig hoher Wasserverbrauch.
  Maßnahme: Reglerspannung prüfen.
- Säuredichte in allen Zellen gleichmäßig 1,24 kg/l oder niedriger.
  Maßnahme: Batterie laden. Ist nach dem Laden die Säuredichte weiterhin unter 1,24 kg/l liegt ein Verschleiß durch Alterung vor.
- Säuredichte in allen Zellen gleichmäßig 1,25 kg/l oder höher.
  Maßnahme: Batterie mit einem Belastungsprüfer testen.

Batterieprüfgerät / Belastungsprüfer

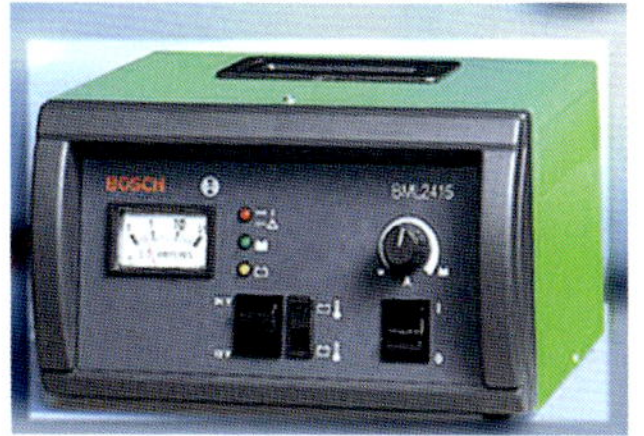

Abb. 19 Als Beispiel hier ein Gerät der Fa. Bosch.

Diese Geräte haben nur Werkstätten. Am besten die Batterie ausbauen und zu einer Werkstatt fahren. Dieser Test wird meist kostenlos durchgeführt.
Es gibt auch Geräte, die man günstig kaufen kann. Aber diese Geräte sind leider nicht immer genau.

Überbrücken des Traktors

Sollten sie mal vergessen haben, die Batterie zu laden oder wurde vielleicht das Licht angelassen, dann kann man den Traktor überbrücken.
Der Leitungsquerschnitt des Starthilfekabels soll bei Ottomotoren bis ca. 2,5 l Hubraum mindestens 16 mm^2 betragen. Maßgebend ist dabei jeweils das Fahrzeug mit der entladenen Batterie. Bei Neukauf ist grundsätzlich ein Starthilfekabel mit isolierten Kabelzangen und 25 mm^2 Querschnitt empfehlenswert, da es sich auf für Motoren mit geringem Hubraum eignet.
So geht man vor:

- Zündung und alle Stromverbraucher bei beiden Fahrzeugen ausschalten.
- Mit dem roten Starthilfekabel die Pluspole der beiden Batterien verbinden.
- Ein Ende des schwarzen Kabels am Minuspol der Spenderbatterie befestigen.
- Das freie Ende des schwarzen Kabels mit einem Massepunkt (unlackiertes Metallteil im Motorraum) des Traktors verbinden (z. B. ein Metallteil im Motorraum oder am Motorblock selbst).
- **Wichtig:** Das Kabelende darf nicht direkt am Minuspol der Empfängerbatterie angeschlossen werden.
- Den Motor des Spenderfahrzeugs starten.
- Danach den Traktor starten und den Motor laufen lassen.
- Starterkabel vollständig abklemmen (erst Schwarz/Minus, dann Rot/Plus). Nach dem erfolgreichen Startversuch sollte man möglichst eine längere Stecke fahren, da sich der Akku so am besten auflädt.

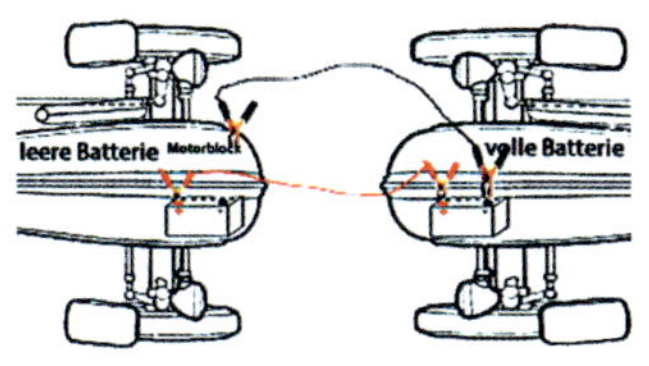

Abb. 20 Überbrückung.

Der Batterieschalter / Batterietrennschalter (Nato-Knochen)

Die elektrische Anlage im Traktor ist im Allgemeinen so geschaltet, dass beim Abziehen des Schaltschlüssels die elektrischen Leitungen vom Fahrtschalter zu den Stromverbrauchern (wie z. B. Zündung, Blinker) stromlos werden. Die Leitungen von der Batterie zum Starter und zum Fahrtschalter stehen aber unter Spannung. Eine durchgescheuerte Stelle dieser Leitungen kann einen Kurzschluss mit unangenehmen Folgen haben (leere Traktorbatterie, Brände). Durch Einbau eines Batterie-Schalters können diese Gefahren vermieden werden.

Der Batterie-Schalter wird in unmittelbarer Nähe der Batterie in die Masseleitung eingebaut (minusseitig). Der Schaltgriff sollte von dem am Lenkrad sitzenden Fahrer jederzeit erreichbar sein.

Bei Anlagen mit Drehstromgenerator darf der Schalter nur bei stehendem Motor betätigt werden, da sonst der Generator zerstört werden würde.

Schalter mit abziehbarem Schalthebel dienen zugleich als Diebstahlschutz.

Abb. 21 Schraubbarer Schalter wird am Minus-Batteriepol angebracht.

Abb. 22 Schalter mit Schlüssel.

Abb. 23 „Natoknochen".

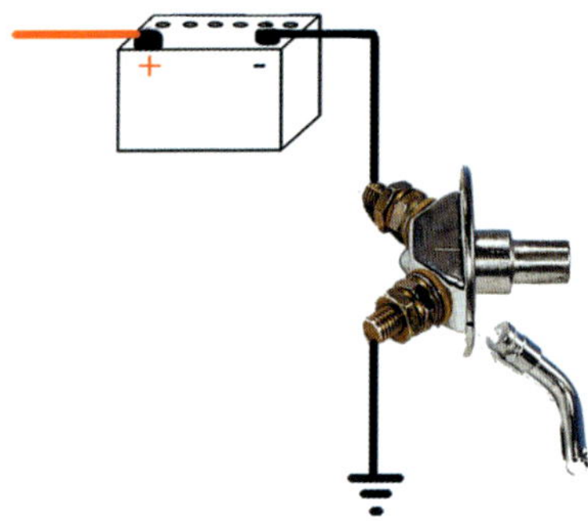

Abb. 24 Schaltung des Batterieschalters.

Generator (Lima)

Um die Batterie zu laden oder um überhaupt Strom und Spannung zu haben, brauchen wir einen Stromlieferanten. Das ist unser Generator, auch Lichtmaschine (Lima) genannt. In den alten Traktoren befinden sich Gleichstromgeneratoren. Viele Traktorenbesitzer bauen ihren Generator auf einen Drehstromgenerator um, weil dieser schon in unteren Drehzahlen eine höhere Leistung bringt.
Das ist natürlich nicht original und sieht auch in den meisten Fällen nicht gut aus. Ich gehe in diesem Buch daher nicht darauf ein, zumal der Umbau eher eine mechanische als eine elektrische Herausforderung ist.

Aufgabe

Der Generator muss Strom und Spannung zur Versorgung der Verbraucher und zur Speicherung in der Batterie liefern.

Aufbau

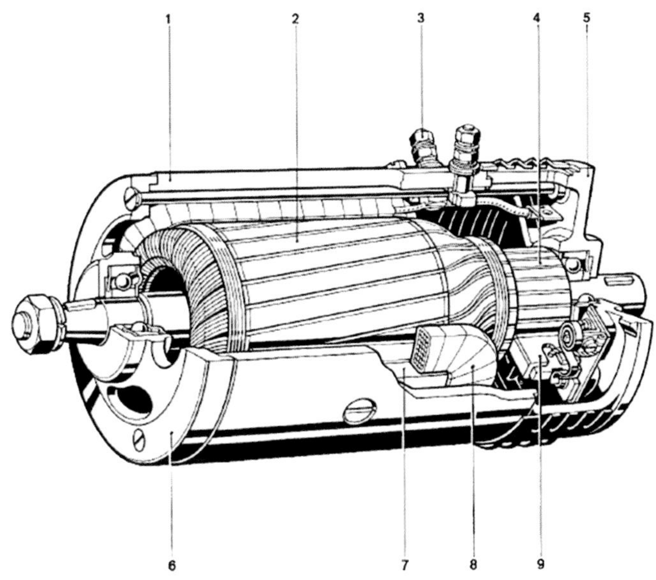

Abb. 25 Lima.
Die wichtigsten Bauteile sind:
1. Polgehäuse,
2. Anker,
3. Anschlussklemme
4. Kommutator
5. Lagerschild
6. Antriebslagerschild
7. Polschuh
8. Erregerwicklung
9. Bürstenhalter mit Kohlebürste

Arten

In fast allen alten Traktoren befinden sich Gleichstromgeneratoren. Diese werden heute nicht mehr gebaut. Heute gibt es nur noch Drehstromgeneratoren.
Generatoren werden unterschieden mit integrierten, angebauten und weggebauten Reglern.

Funktion

Am sich drehenden Teil wird mit zwei Schleifkontakten (den Kohlen oder Plus-Minus-Bürsten) der Strom abgenommen. Dieser entsteht durch Induktion. Der drehende Teil bewegt sich an einem Magnetfeld vorbei, der Feldwicklung. Wenn durch die Feldwicklung Strom fließt, entsteht im Eisenkern der Feldwicklung ein Magnetfeld. Das Vorbeidrehen des Ankers an diesem Magnetfeld erzeugt Strom, der von den Kohlen abgenommen wird. Ein Teil des Stromes geht wieder ins Feld. Dadurch verstärkt sich der Magnetismus - das bewirkt noch mehr Strom.
Drehbewegung wird also in Strom umgewandelt. Damit das Ganze vom Stand weg überhaupt anläuft, ist etwas Restmagnetismus im Eisenkern des Feldes notwendig.

Der Regler

Der Generatorregler hat die Aufgabe, die Spannung im Netz des Traktors auch bei stark schwankender Drehzahl und veränderter Generatorbelastung konstant zu halten. Der Regler bewirkt durch wechselndes Öffnen und Schließen von Kontakten, das Zu- bzw. Abschalten von Feldwiderständen, die so bemessen sind, dass sich die Felderregung und damit die Spannung bzw. der Strom immer genau dem Bedarf der Verbraucher anpassen, insbesondere dem Ladebedarf der Batterie.
Im Regler ist ein Rückstromschalter eingebaut, der die Batterie vom Generator trennt. Dieser Schalter kann auch mal defekt sein, was zu einer Selbstentladung der Batterie führt. Dann gibt es noch die Ladekontrollleuchte, die anzeigt, ob unsere Lichtmaschine arbeitet.

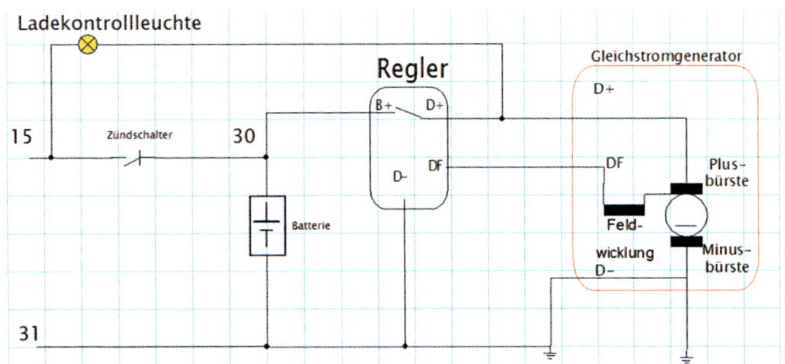

Abb. 26 Ladekontrolle.

Bei eingeschalteter Zündung muss die Kontrollleuchte leuchten. Sie wird vom Regler wie auf dem Bild zu sehen von D+ (Klemme 61) gegen 12 V (Klemme 15) geschaltet. Sobald die Lichtmaschine 12 V erzeugt, ist die Differenz zur Batterie 0 V und die Lampe geht aus.

Polarisieren einer Lichtmaschine

Es kann passieren, dass der Generator seinen Restmagnetismus verliert, zum Beispiel während einer langen Standzeit im Winter oder nach einer Reparatur.
Damit die Lima Spannung erzeugen kann, braucht sie ein Magnetfeld. Dieses Feld wird vom Regler so geregelt, dass es eine konstante Ausgangsspannung gibt. Damit die Regelung überhaupt wirken kann, muss ein Restmagnetismus (Remanenz) mit richtiger Polarität an den Polschuhen vorhanden sein.
Mit dem Polarisieren stellt man diese Remanenz her.

Elektronische Regler

Die Zündung bleibt bei dieser Aktion aus.
Bei der Verwendung eines elektronischen Reglers müssen alle Verbindungen zur Lima getrennt werden, lediglich „DF" bleibt mit Masse verbunden. Nun den Anschluss „D+" der Lima über eine geeignete Glühlampe (10–21 Watt sind ausreichend) mit dem Pluspol der voll geladenen Batterie verbinden. Danach ist die Lima polarisiert.

Achtung:

Die Lima will jetzt als Motor laufen. Da sie aber blockiert ist, können recht große Ströme durch den Anker fließen. Deshalb wird hier auch die Verwendung einer Lampe empfohlen.
Es geht auch ohne, dann aber wirklich den Anschluss „D+“ nur ganz kurz antupfen (es gibt einen Funken); ansonsten kann es zu Defekten am Anker kommen.

Im ausgebauten Zustand kann man die Lima auch als Motor laufen lassen. Wenn man im ausgebauten Zustand eine Lima magnetisieren will, lässt man sie als Motor laufen. Eine Lichtmaschine, die als Motor läuft, funktioniert auch als Generator. Also Feldanschluss „DF“ und Gehäuse an Masse, Anker „D+“ an +12 V einer Batterie.
Ein Regler wird nicht angeschlossen. Nun läuft die Lima als Motor. Macht sie das nicht, kann man in den meisten Fällen davon ausgehen, dass der Anker selbst einen Defekt hat.

Mechanische Regler

Man kann aber auch so vorgehen, wie es schon beschreiben wurde. Ansonsten den Deckel vom Regler entfernen, Zündung einschalten und auf den Anker des Reglers drücken, bis die Kontakte schließen, fertig. Auch so ist die Lima korrekt polarisiert.
Bei mechanischen Reglern mit zwei Ankern kann man beide nacheinander drücken. Der mit dem Rückstromschalter

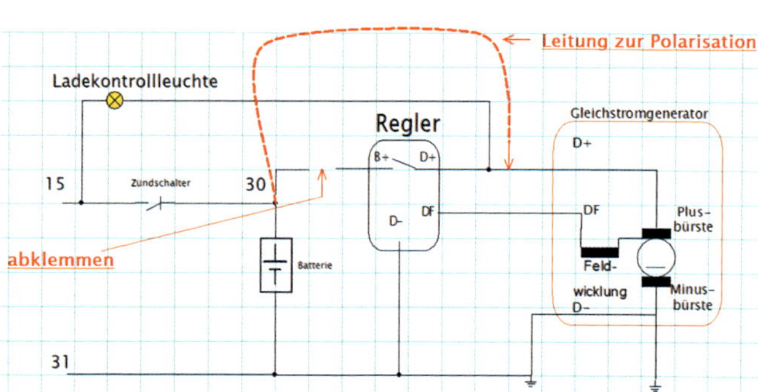

Abb. 27 Polarisation.

(auf der Ankerwicklung liegen wenige Wicklungen eines dicken Drahtes) polarisiert die Lima. Wenn man diesen vor dem Drücken ausfindig macht, reicht es auch, nur diesen zu drücken.

Mögliche Fehler und Fehlersuche beim Generator

- Defekte Erregerwicklung
- Defekter Anker
- Kohlebürsten abgenutzt
- Lager defekt

Bevor man mit der Fehlersuche an der Elektrik beginnt, muss man sicherstellen, dass sich die Batterie in einem voll geladenen und einwandfreien Zustand befindet. Nur so kann man sicherstellen, dass der Fehler nicht batterieseitig vorliegt.
→ *siehe auch Batterie*

Lackierung

Ein häufiger Fehler, den Restauratoren machen: alles wird neu lackiert und dann zusammengebaut. Dies hat oft zur Folge, dass wir eine schlecht leitende Verbindung zwischen Lichtmaschine und Gehäuse haben. Also bitte darauf achten, dass die Kontaktstellen metallisch blank sind.
Dies betrifft auch Lampen und sonstige Bauteile. Wie man hier Abhilfe schaffen kann, wird später gezeigt.

Überprüfung der Ladekontrollleuchte

Schalten Sie die Zündung ein. Die Ladekontrollleuchte sollte leuchten. Macht sie das nicht, lädt die Lichtmaschine auch nicht bei laufendem Motor. Dies kann folgende Ursachen haben:
Die Glühlampe der Ladekontrollleuchte (LKL) ist defekt. Da die Lichtmaschine die Masse der Wicklungen über die Leuchte bekommt, lädt sie nicht.
Möglicherweise ist die Verkabelung zwischen Ladekontrollleuchte (LKL) und Lichtmaschine unterbrochen oder der Regler defekt. Sollte die Ladekontrollleuchte (LKL) dauerhaft leuchten, ist auch ein Kurzschluss auf Masse zu prüfen. Motor starten, einmal Gas geben und die Ladekontroll-

leuchte muss nun erlöschen. Erlischt sie nicht oder glimmt sie vor sich hin, ist wiederum der Regler oder die Lichtmaschine defekt.

Erregerspannung messen (Spannung Ladekontrollleuchte)

- Zündung ein.
- Mit dem Multimeter zwischen Batterie Klemme 31 (Minuspol) und D+-Generator messen.
- Die Erregerspannung sollte ca. 12 V Batteriespannung anzeigen.

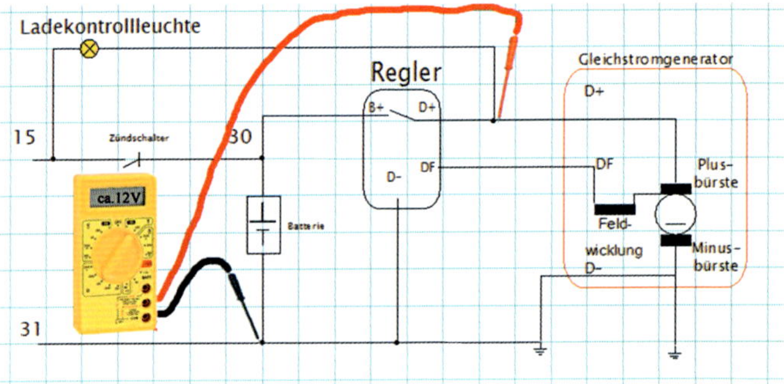

Abb. 28 Erregerspannung messen.

Lade-/Reglerspannung messen:

- Motor starten.
- Leerlauf erhöhen.
- Multimeter an den Plus-(+) und Minuspol (−) der Batterie anschließen und ablesen.
- Die Ladespannung sollte zwischen 13 und 15 V liegen.

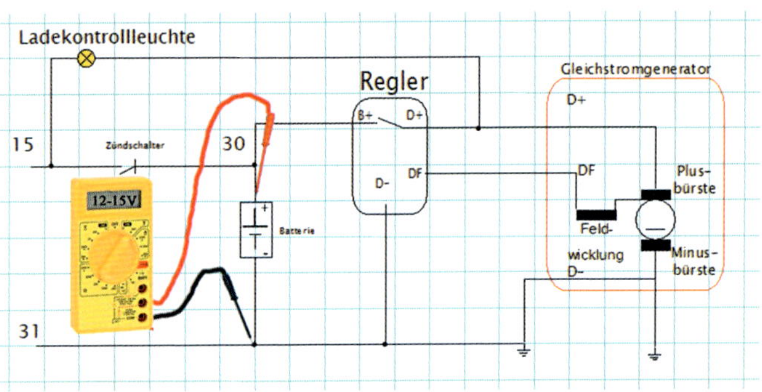

Abb. 29 Ladespannung messen.

Dann die Spannung auch unter Belastung testen, entweder mit dem Batterietester oder mit Einschalten von Verbrauchern, wie Abblendlicht, Fernlicht oder Blinker. Bei einem alten Traktor gibt es leider nicht viele Verbraucher mit hohem Energiebedarf.
Steigt sie weit über 15 Volt, ist der Regler defekt. Ist die Spannung zu niedrig, nochmal Gas geben und Voltmeter beobachten. Steigt die Spannung nicht, ist die Lichtmaschine oder der Regler defekt.

Wichtig:
Eine einwandfreie Überprüfung des Reglers, bei der auch die Regelweite, Einschaltspannung und Rückstrom gemessen wird, ist nur mit entsprechender Ausstattung oder am Generatorprüfstand möglich und wird daher in diesem Kurztest nicht weiter beschrieben.

Ladestrom messen

Abb. 30 Zangenamperemeter.

Um den Ladestrom zu messen, ist es sehr hilfreich, wenn man ein Zangenamperemeter für Gleichstrom (DC) zur Verfügung hat. Dieses Gerät wird einfach mit der „Zange“ um die zu messende Leitung gelegt.

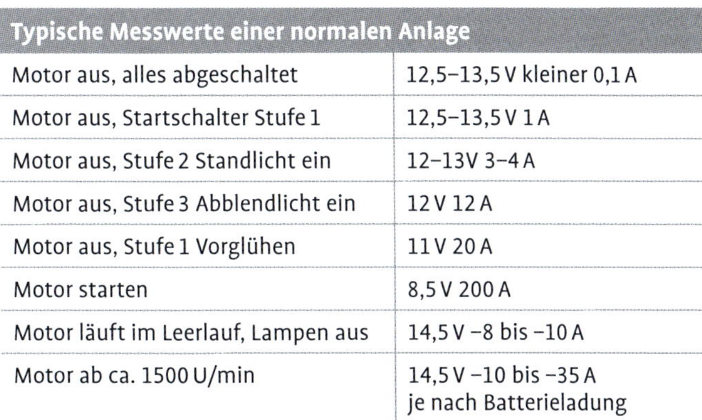

Typische Messwerte einer normalen Anlage	
Motor aus, alles abgeschaltet	12,5–13,5 V kleiner 0,1 A
Motor aus, Startschalter Stufe 1	12,5–13,5 V 1 A
Motor aus, Stufe 2 Standlicht ein	12–13V 3–4 A
Motor aus, Stufe 3 Abblendlicht ein	12 V 12 A
Motor aus, Stufe 1 Vorglühen	11 V 20 A
Motor starten	8,5 V 200 A
Motor läuft im Leerlauf, Lampen aus	14,5 V −8 bis −10 A
Motor ab ca. 1500 U/min	14,5 V −10 bis −35 A je nach Batterieladung

(alles zirka- Werte im betriebswarmen Zustand)

Ruhestrom der Batterie messen

Um festzustellen, ob die Batterie entladen wird (heimlicher Verbraucher), muss man den Ruhestrom messen. Wie wird das gemacht?

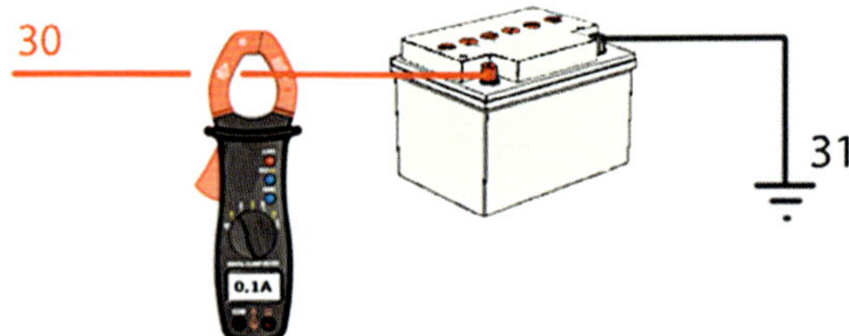

Abb. 31 Messen mit einem Zangenamperemeter.

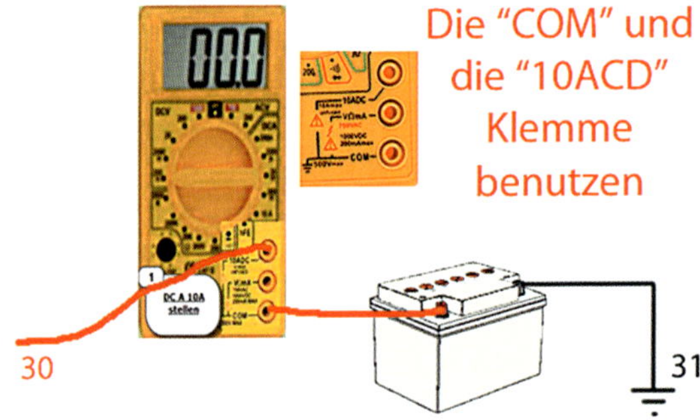

Abb. 32 Messen mit einem Multimeter.

Schnelltest mit einem Prüflämpchen

Bei dieser Prüfung einfach anstelle des Amperemeters eine Prüflampe einsetzen.

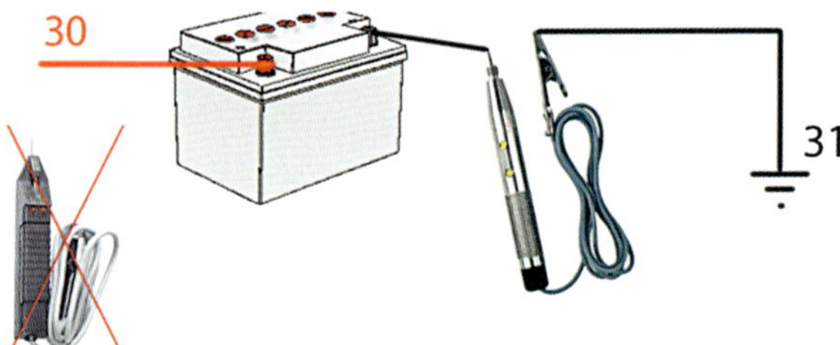

Abb. 33 Schnelltest mit Prüflampe.

Je heller die Prüflampe leuchtet, um so höher der Stromverbrauch. Diese Vorgehensweise erfordert allerdings schon etwas Erfahrung, um von der Helligkeit der Lampe einen Rückschluss auf den Stromverbrauch ziehen zu können. Da das alles natürlich (trotz Erfahrung) recht ungenau ist, wird diese Methode meist nur als „Schnelltest" benutzt.

Dazu bitte eine „normale" Prüflampe mit Glühlampe verwenden, mit einer LED-Prüflampe funktioniert es nicht.

Wie finde ich denn nun den „Stromfresser"

Falls der Stromverbrauch zu hoch ist, beginnt nun die Suche nach dem Übeltäter. Dazu der Reihe nach die Sicherungen ziehen und schauen, bei welcher der Stromverbrauch in einem akzeptablen Bereich sinkt. Somit hat man schon mal den schuldigen Stromkreis gefunden und kann jetzt gezielter suchen.
Wird trotz Ziehen der Sicherungen immer noch ein erhöhter Stromverbrauch gemessen, müssen die nicht abgesicherten Bauteile, wie z. B. der Anlasser oder die Lichtmaschine ‚überprüft werden.

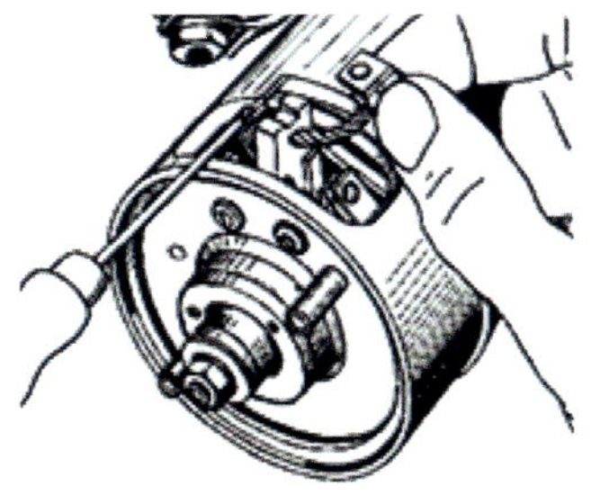

Abb. 34 Lima – Bosch-Gleichstromgenerator mit Kohlen.

Wartung der Lichtmaschine

Bevor man an Arbeiten an der eingebauten Lichtmaschine beginnt, muss man die Batterie abklemmen, da sonst die Gefahr eines Kurzschlusses droht. Am besten die Masseleitung der Batterie abklemmen.

Abb. 35 Kohle Typ BX 59 13,9 × 5,9 19 mm lang (z. B. für Porsche-Lichtmaschinen).

Prüfen der Bürsten und des Kollektors

Abdeckband der Lichtmaschine entfernen und die Bürsten auf Verschleiß und freie Bewegung in ihren Halterungen kontrollieren. Falls die Bürsten bis auf die minimale Länge abgeschliffen sind oder der Kollektor Spuren zeigt von Öl oder Fett, müssen die Bürsten erneuert werden. Bei verschmutztem Kollektor vorher feststellen, wo das Fett oder Öl herkommt.
Ebenfalls kontrollieren, ob die Bürstenfedern noch eine einwandfreie Spannung haben.

Lager

Die Lager der Lichtmaschine erfordern keinerlei Wartung und brauchen nicht geschmiert zu werden.

Regler prüfen

Den Regler kann man sehr einfach auf dem Tisch messen. Man braucht dazu lediglich eine Glühlampe, etwa 12 V/20 W, und ein regelbares Netzteil 0–20 V/2–3 A. Wenn man das Ganze so wie unten im Bild verdrahtet, muss beim Hochfahren der Spannung die Glühlampe immer heller werden und schließlich bei ca. 14–14,5 V verlöschen, dreht man die Spannung dann wieder zurück, so sollte die Glühlampe bei ca. 13–14 V wieder aufleuchten.
Die Spannungs- und Stromwerte misst man z. B. direkt an der Batterie, den Strom, indem man ein Zangenamperemeter um das dicke +-Batteriekabel legt.

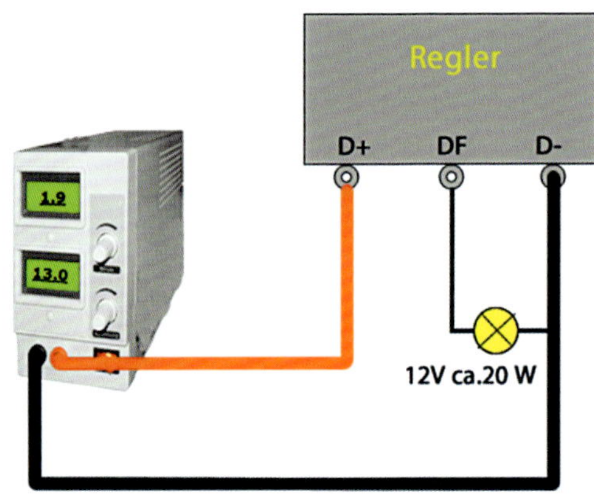

Abb. 36 Regler (Anmerkung: Die dargestellte Schaltung gilt für negativ schaltende Regler (bei BOSCH eigentlich die Regel), bei positiv schaltenden Reglern muss man die Glühlampe zwischen D+ und DF anklemmen).

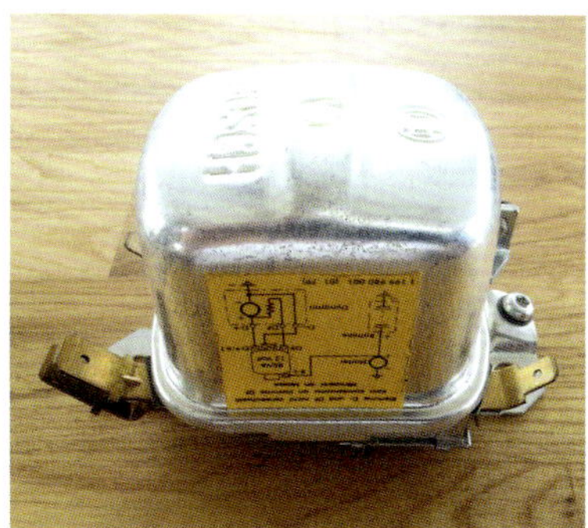

Abb. 37 Batterieregler.

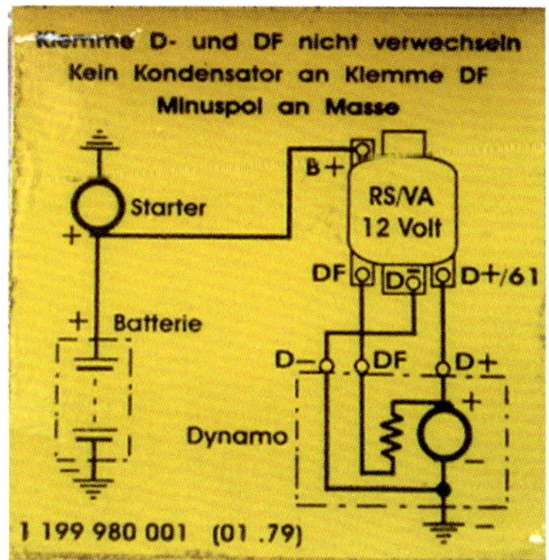

Abb. 38 Schaltbild des Reglers.

Fehlersucher Batterie und Generator		
Störung	**Ursache**	**Abhilfe**
Batterie wird nicht oder nicht genügend geladen	1. Unterbrechung oder Übergangswiderstand im Ladestromkreis	Unterbrechung oder Übergangswiderstand beseitigen
	2. Batterie schadhaft	Batterie austauschen
	3. Generator schadhaft	Generator in Fachwerkstatt instandsetzen lassen
	4. Regler schadhaft	Regler austauschen
	5. Keilriemen zu locker	Keilriemen richtig einstellen
Batterie entlädt sich	1. Säuerestand prüfen	Evtl. dest. Wasser nachfüllen
	2. Batterie schadhaft	Batterie austauschen
	3. Stromfresser	siehe „Stromfresser finden“
Batterie kocht, stinkt nach Schwefel (faule Eier)	1. Ladung zu stark	Lima oder Regler kontrollieren
Grünspan an den Polklemmen	1. austretende Schwefelsäure	Batterie abklemmen und Pole reinigen (viel Wasser und Lauge), mit Polfett einschmieren
Generatorkontrolllampe leuchtet nicht bei Stillstand des Motors und eingeschaltetem Fahrtschalter	1. Generatorkontrolllampe durchgebrannt	Neue Glühlampe einsetzen
	2. Batterie entladen	Batterie mit Ladegerät laden
	3. Batterie schadhaft	Batterie austauschen
	4. Leitungen gelöst oder schadhaft	Leitungen ersetzen, Anschlüsse festziehen
	5. Regler schadhaft	Regler austauschen
	6. Kurzschluss einer Diode in der Plusplatte (im Generator)	Generator in Fachwerkstatt instand setzen lassen
	7. Kohlebürsten abgenutzt	Kohlebürsten austauschen
	8. Oxidschicht auf Schleifringen	Generator in Fachwerkstatt instand setzen lassen

Störung	Ursache	Abhilfe
Generatorkontrolllampe leuchtet auch bei höherer Drehzahl unverändert hell	1. Leitung D+/61 hat Masseschluss	Leitung ersetzen oder Masseschluss beseitigen
	2. Regler schadhaft	Regler austauschen
	3. Gleichrichter schadhaft, Schleifringe verschmutzt, Kurzschluss in Leitung DF oder Läuferwicklung	Generator in Fachwerkstatt instand setzen lassen
	4. Keilriemen rutscht durch oder ist gerissen	Keilriemen richtig einstellen oder Keilriemen ersetzen
Bei stehendem Motor leuchtet die Generatorkontrollleuchte, wird aber bei laufendem Motor dunkler oder glimmt nur	1. Übergangswiderstände im Ladestromkreis oder in Leitung zur Generatorkontrolllampe	Übergangswiderstände beseitigen
	2. Regler schadhaft	Regler austauschen
	3. Generator schadhaft	Generator in Fachwerkstatt instand setzen lassen
Ladekontrollleuchte flackert	1. Kohlen verschlissen	Kohlen erneuern
	2. Kollektor verschlissen	Kollektor überprüfen evtl. schleifen (Riefen entfernen)
Ladekontrollleuchte geht plötzlich während der Fahrt an	1. Keilriemen ab (nicht bei Porsche- Traktoren)	Keilriemen kontrollieren
Lampen leuchten schwach oder gar nicht	1. Spannung zu niedrig	Batterie laden oder kontrollieren
	2. Spannungsabfall in den Leitungen	Anschlüsse kontrollieren siehe Kap. Spannungsabfall kontrollieren
	3. Lampe defekt	Glühlampe ersetzen
	4. Sicherung defekt	Sicherung ersetzen, Sicherung brennt wieder Ursache suchen
	5. schlechte Masseverbindung, Kabel oder Klemmen oxidiert	Masseverbindung kontrollieren, Oxidationen entfernen

Anlasser

Verbrennungsmotoren können nicht aus eigener Kraft anlaufen. Der Anlasser ist daher zum Starten des Motors notwendig. Er ist ein Reihenschlussmotor, das heißt, dass der Anker und die Erregerwicklung in Reihe geschaltet sind. Bei den meisten Traktoren werden sogenannte „Schubschraubtrieb-Starter“ verwendet.
Beim Starten sind beträchtliche Widerstände zu überwinden: Verdichtung, Reibung und auch die Schmiermittelbeschaffenheit. Der Widerstand ist beim stark abgekühlten Motor am höchsten. Man braucht ca. 130 bis 250 U/min, um einen Dieselmotor zum Laufen zu bringen.

Abb. 39 Bosch-Anlasser.

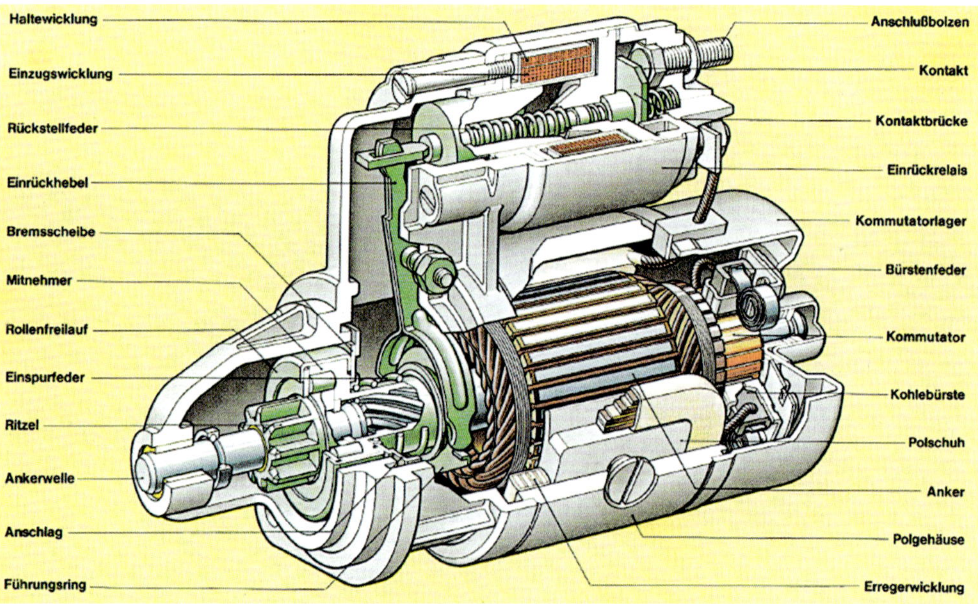

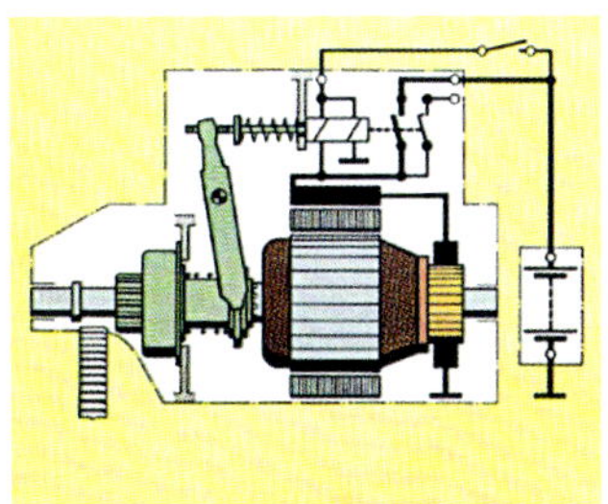

Abb. 40 Ritzel ausgespurt.

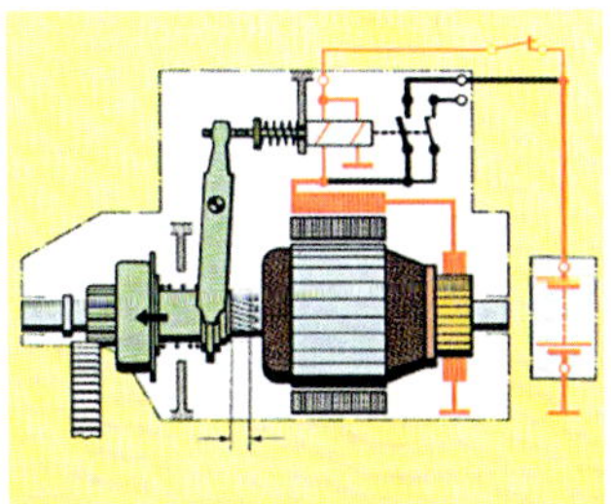

Abb. 41 Zahn trifft auf Lücke.

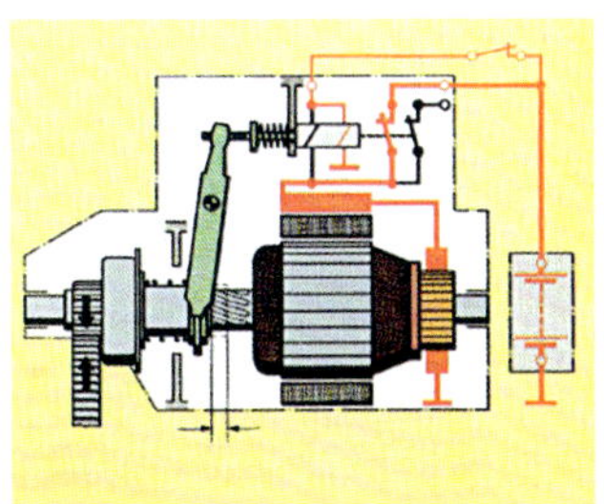

Abb. 42 Motor wird durchgedreht.

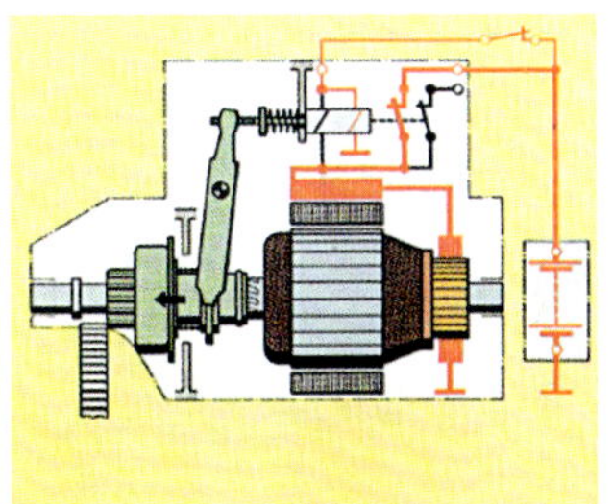

Abb. 43 Zahn trifft auf Zahn.

Wie funktioniert das Anlassen

- Der Glühanlassschalter gibt über die Klemme 50 den Befehl zum Anlassen des Motors.
- Der auf dem Anlasser aufgeschraubte Magnetschalter zieht an, drückt den Anker des Anlassers zur Schwungscheibe des Motors vor und schließt.
- Über die beiden Hauptkontakte bekommt der Anlasser Strom und dreht.
- Dreht der Motor schneller als der eingerückte Anlasser, schützt der Freilauf den Anlasser vor zu hoher Drehzahl.

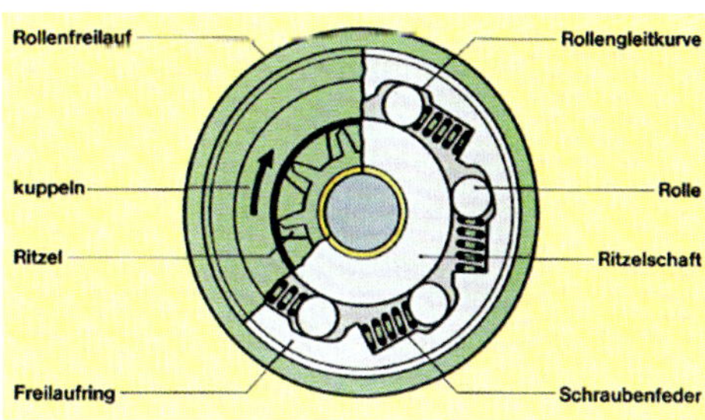

Abb. 44 Rollenfreilauf.

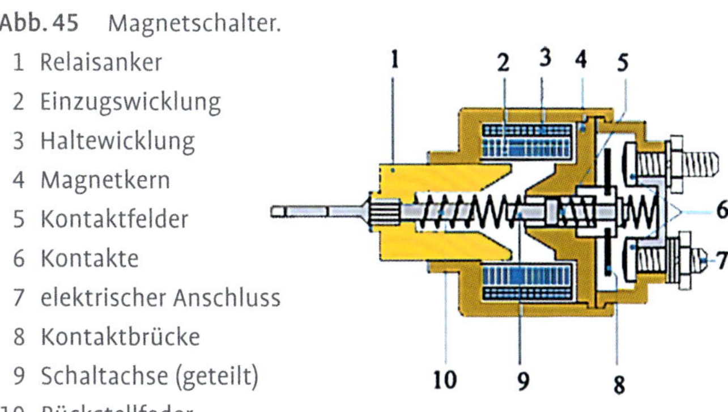

Abb. 45 Magnetschalter.

1 Relaisanker
2 Einzugswicklung
3 Haltewicklung
4 Magnetkern
5 Kontaktfelder
6 Kontakte
7 elektrischer Anschluss
8 Kontaktbrücke
9 Schaltachse (geteilt)
10 Rückstellfeder

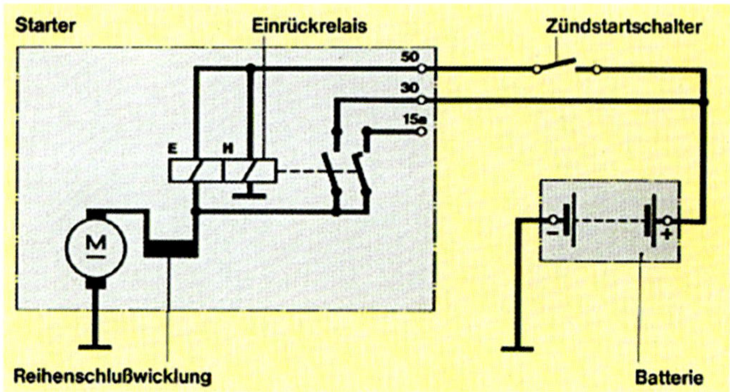

Abb. 46 Prinzip-Schaltbild Anlasser.

Beim Anlassen von kleinen Traktoren fließt ein Strom von bis zu 500 Ampere. Deshalb ist es auch wichtig, dass die Zuleitung von der Batterie zum Anlasser tipptopp in Ordnung ist und keine Übergangswiderstände aufweist. Der Querschnitt sollte mindestens 25 mm² sein, besser sind 35 mm².

Fehlersuche Anlasser

Nach einer Restaurierung, genau wie ich es beim Generator beschrieben wurde, darauf achten, dass der Anlasser sauber und ohne Lackierung (im Flanschbereich) eingebaut wird, denn über das „Einbauloch" und die Schraubverbindung bekommt er seine Masse.

Wenn der Anlasser nicht einschaltet, muss kontrolliert werden, ob die Batterie entladen ist. Auch ist es möglich, dass Batteriepole und Klemmen oxydiert sind oder Kabelanschlüsse am Anlasser sich gelockert haben.

Weitere Fehlerquellen

- Glühanlassschalter defekt (Klemme 50 am Anlasser ohne Spannung).
- Die Bürsten zeigen Abnutzungserscheinungen.
- Anker bzw. Erregerwicklung haben einen Masseschluss.
- Kollektor bzw. der Anker sind unrund.

Wenn der Starter zu langsam dreht, sind entweder die Bürsten zum Teil abgenutzt oder Teile der Anker- oder Erregerwicklung sind kurzgeschlossen. Vor der Überprüfung des Starters muss daher überprüft werden, ob die Batterie geladen ist. Auch kann der Spannungsabfall in den Leitungen zu hoch sein (Starterleitung und deren Anschlüsse kontrollieren). Die Batteriepole müssen fest sitzen und dürfen nicht oxidiert sein.
Falls der Anlasser manchmal dreht ohne den Motor zu drehen, kann der Freilauf verharzt oder verschmutzt sein. In diesem Fall den Freilauf reinigen und mit Heißlagerfett fetten.

Wenn der Anlasser nur „klack" macht

- Den Ladezustand der Batterie kontrollieren, alle Kabel und Anschlüsse i. O.?
- Evtl. ist der Magnetschalter defekt/verschmutzt (zerlegen und reinigen).
- Die Hauptkontakte des Magnetschalters sind abgenutzt/verunreinigt (vorsichtig anfeilen und reinigen).
- Der Anlassermotor ist defekt/verschmutzt (Anker herausnehmen und säubern, gereinigte bewegliche Teile mit Fett versehen).
- Die Schleifkohlen sind an der Verschleißgrenze. Als Notreparatur mit einem Hammer leicht auf das Gehäuse schlagen.

Zusätzlich: Spannungen prüfen

- Klemme 50 Magnetschalter. Prüflampe oder Multimeter.
- Kabel, Stecker, Magnetschalter prüfen.

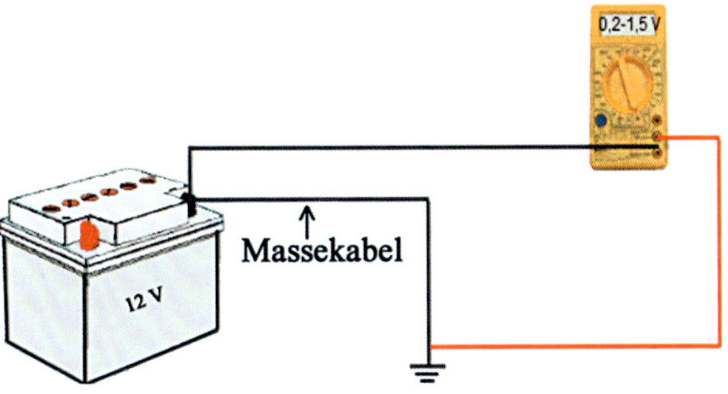

Abb. 47 Spannungsverlust über Masse messen.

Das schwarze Messkabel an Batterie Minus anklemmen und das rote Messkabel an den Massepunkt der Batterie. Bei drehendem Anlasser darf dort ein Spannungsverlust von ca. 0,5 Volt entstehen.
Sollte es mehr sein, Kabelanschlüsse, Pole usw. kontrollieren.

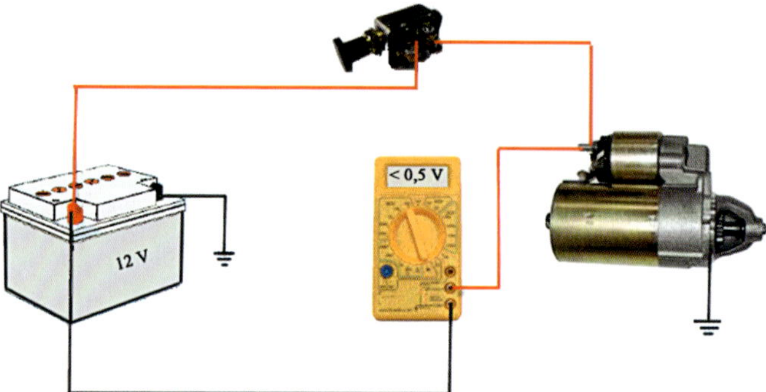

Abb. 48 Spannungsverlust plusseitig messen.

Das schwarze Messkabel an die Batterie +, das rote Messkabel an den Anlasser +.
Das Multimeter sollte nun eine Spannung von ca. 0 V anzeigen.
Die Messung muss auch bei drehendem Anlasser gemacht werden. Dann darf dort nur ein Spannungsverlust von unter 1 Volt entstehen.
Bei Geräten, die einen hohen Strom verlangen (Anlasser, Generator), sollte der Spannungsverlust kleiner 0,5 V sein.
Je kleiner der Spannungsverlust, desto besser ist die Kabelverbindung.

Stromaufnahme beim Starten

- Zangenamperemeter an Pluskabel Klemme 30 Anlasser anschließen.
- Motor starten.
- Der Anlasserstrom sollte hier ca. 120–200 A (Herstellerangaben beachten) betragen.
- Die Spannung am Anlasser sollte nicht unter 10 V fallen.
- Die Batteriespannung nicht unter 11 V.

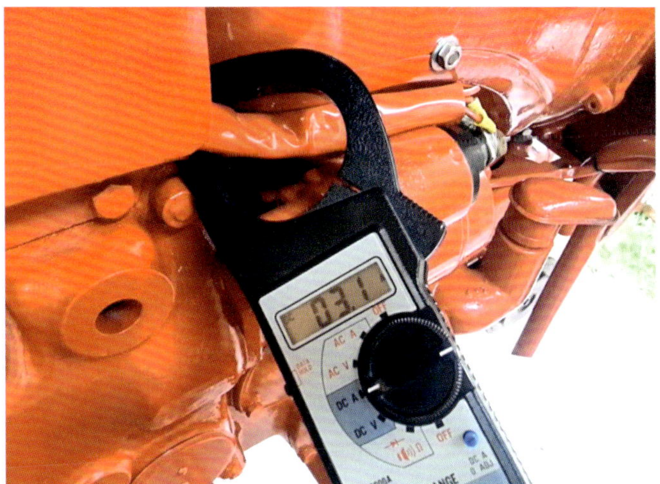

Abb. 49 Zangenamperemeter.

Kurzschlussprüfung

Stromaufnahme und Spannungen können auch bei blockiertem Anlasser geprüft werden.

- Zangenamperemeter an Pluskabel Klemme 30, Anlasser anschließen.
- Dazu den 4. Gang einlegen, Handbremse und Fußbremse betätigen.
- Achtung! Es fließt ein sehr hoher Strom! Starter nur sehr kurz betätigen (max. 3–5 sec.).
- Werte ca. 200–500 A, abhängig von den Daten des Anlassers (Herstellerangaben beachten).

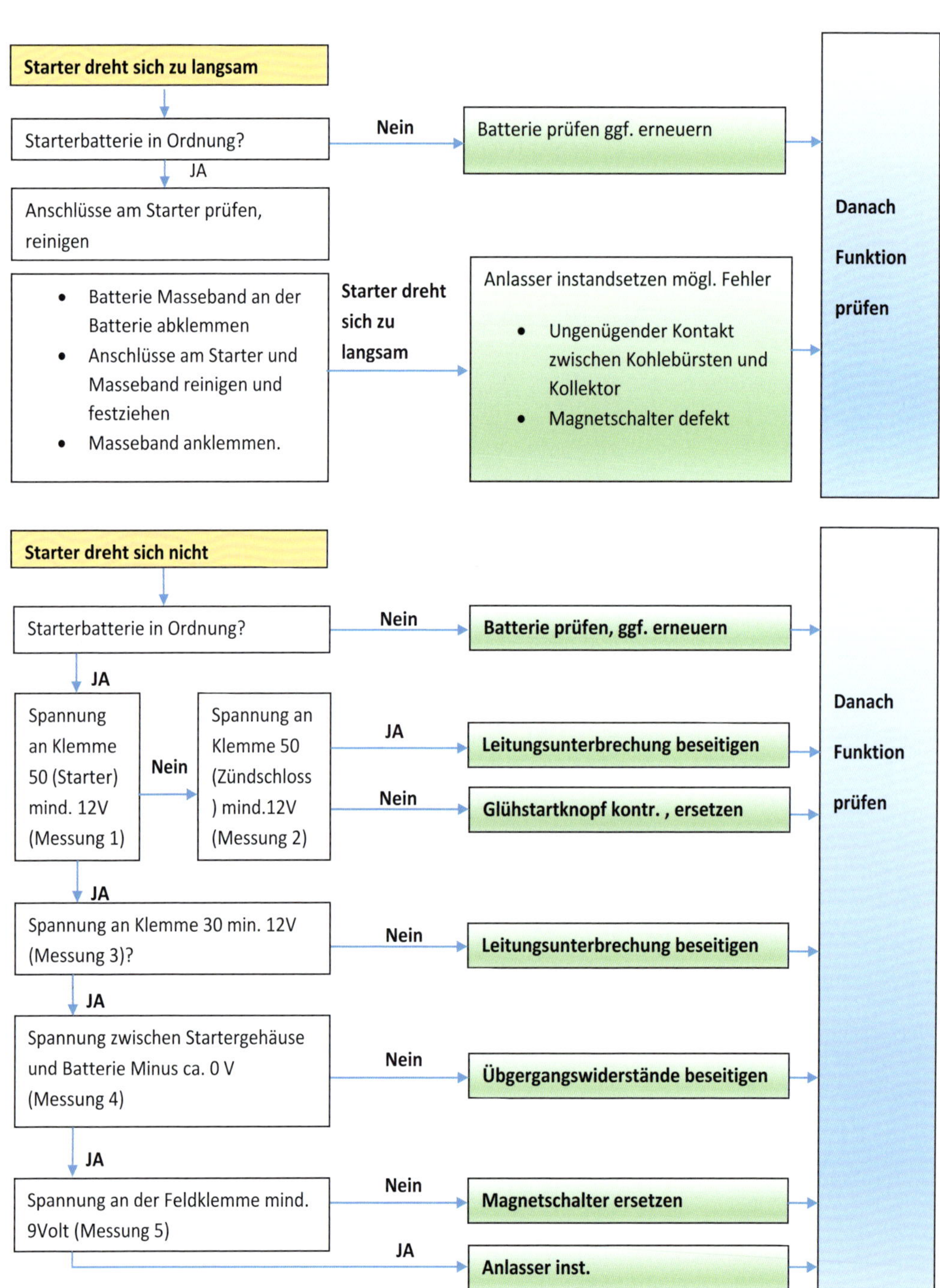

Fehlersuche Anlasser – Prüfablauf
Starter dreht sich zu langsam
Starterbatterie in Ordnung?
Nein
Batterie prüfen ggf. erneuern
JA
Anschlüsse am Starter prüfen, reinigen
• Batterie Masseband an der Batterie abklemmen
• Anschlüsse am Starter und Masseband reinigen und festziehen
• Masseband anklemmen.
Starter dreht sich zu langsam
Anlasser instandsetzen mögl. Fehler
• Ungenügender Kontakt zwischen Kohlebürsten und Kollektor
• Magnetschalter defekt
Danach Funktion prüfen
Starter dreht sich nicht
Starterbatterie in Ordnung?
Nein
Batterie prüfen, ggf. erneuern
JA
Spannung an Klemme 50 (Starter) mind. 12V (Messung 1)
Nein
Spannung an Klemme 50 (Zündschloss) mind.12V (Messung 2)
JA
Leitungsunterbrechung beseitigen
Nein
Glühstartknopf kontr. , ersetzen
JA
Spannung an Klemme 30 min. 12V (Messung 3)?
Nein
Leitungsunterbrechung beseitigen
JA
Spannung zwischen Startergehäuse und Batterie Minus ca. 0 V (Messung 4)
Nein
Übergangswiderstände beseitigen
JA
Spannung an der Feldklemme mind. 9Volt (Messung 5)
Nein
Magnetschalter ersetzen
JA
Anlasser inst.
Danach Funktion prüfen

Messpunkte zur Fehlersuche am Anlasser

Manche Anlasser haben einen Steckkontakt 15a. Dieser ist bei Ottomotoren dafür da, den Vorwiderstand der Zündspule zu überbrücken. Bei unseren Traktoren ist dieser Anschluss selten zu finden.

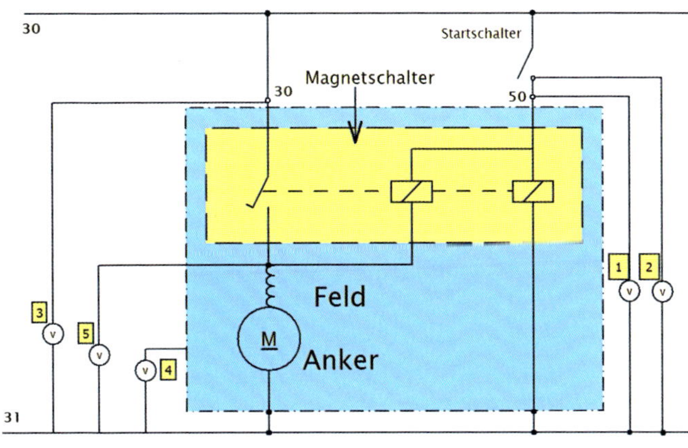

Abb. 50 Messpunkte zur Fehlersuche am Anlasser.

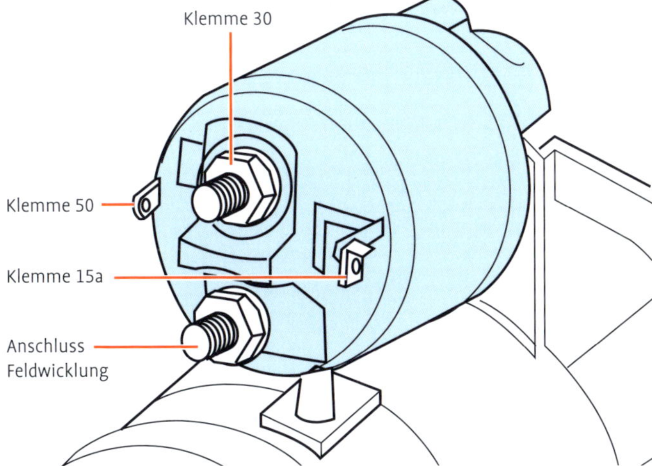

Abb. 51 Anlasser.

Anlasser zerlegen

Der Anlasser lässt sich in folgende Teile zerlegen:
- Gehäuse
- Magnetschalter
- Kollektorlager
- Anker
- Ritzeltrieb
- Ritzellager mit Freilauf

Demontage:
- Leitung der Magnetschalterwicklung lösen.
- Befestigung des Magnetschalters lösen und diesen abnehmen.
- Schutzband für die Bürsten vom Gehäuse lösen.
- Kabel der Bürsten lösen und die Bürsten entfernen.
- Die Muttern der Haltebolzen lösen.
- Lagerschild der Kollektorseite vom Gehäuse abziehen.
- Anker mit Ritzeltrieb abnehmen.

Vor der Montage den Ritzeltrieb mit Motoröl niedriger Viskosität, die Mitnehmerscheibe mit Heißlagerfett schmieren. Die Lagerbuchsen besitzen eine Dauerschmierung und brauchen daher nicht zusätzlich geschmiert werden.
In umgekehrter Reihenfolge der Demontage erfolgt der Zusammenbau.

Anlasserteile überprüfen

Kohlebürsten

Das Ende der Bürstenfeder aus der Bürstenführung heben. Kabelanschluss der Bürste lösen und die Bürste herausziehen.

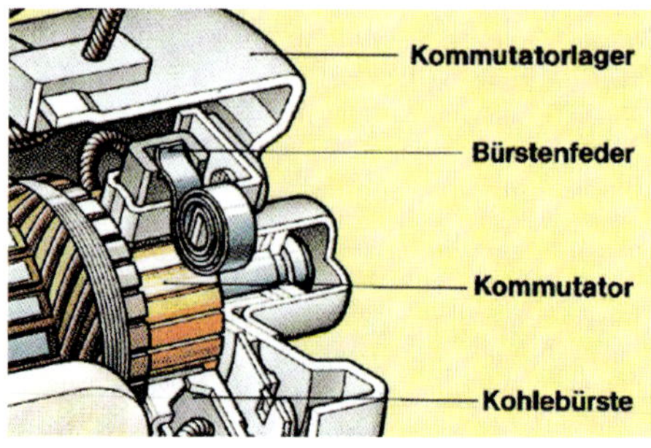

Abb. 52 Anlasser.

Den Verschleiß der Bürsten ermitteln, indem man ihre Länge mit neuen Bürsten vergleicht. Bürstenführung säubern, am besten mit einem in Bremsenreiniger getauchten Wattestäbchen. Die neue Kohlebürste muss sich leicht in der Führung hin und her bewegen lassen. Bürste einsetzen, die Haltefeder wieder ablassen und das Bürstenkabel anklemmen.

Kollektor

Die komplette Oberfläche des Kollektors soll gänzlich glatt sein und darf weder Riefen noch eingebrannte Stellen aufweisen.
Kollektor mit einem in Bremsenreiniger angefeuchteten fusselfreien Lappen gleichmäßig abreiben. Stärkere Verschmutzungen und Verkokungen können mit feinem Schmirgelleinen vorsichtig entfernt werden, wobei der Anker gleichmäßig und langsam gedreht werden muss.
Um die Rundheit des Ankers zu prüfen, die Ankerwelle in eine Drehbank spannen und genau zentrieren.
Bei stark abgenutztem Kollektor muss der komplette Anker ersetzt werden. Verbrannte Kollektorwicklungen deuten auf einen Kurzschluss im Anker hin.

Anker

Der Anker lässt sich nicht reparieren und muss bei einem Fehler erneuert werden.

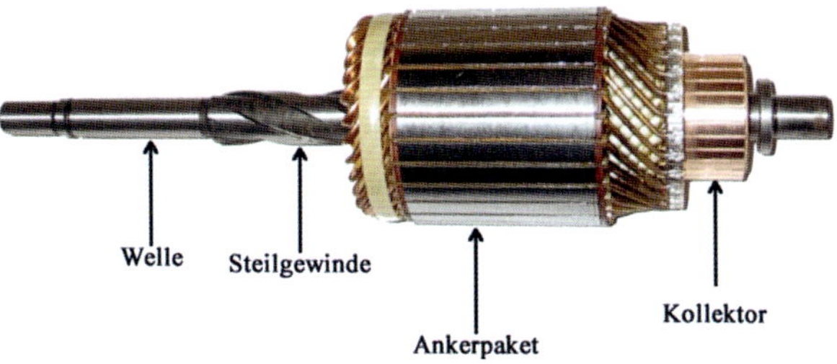

Abb. 53 Anker.

Das Relais und die Blinkanlage

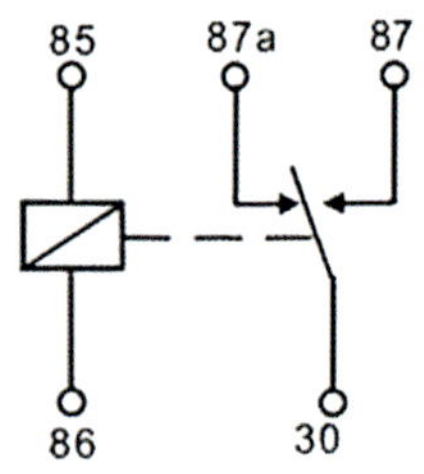

Abb. 54 Öffner/Wechsler.

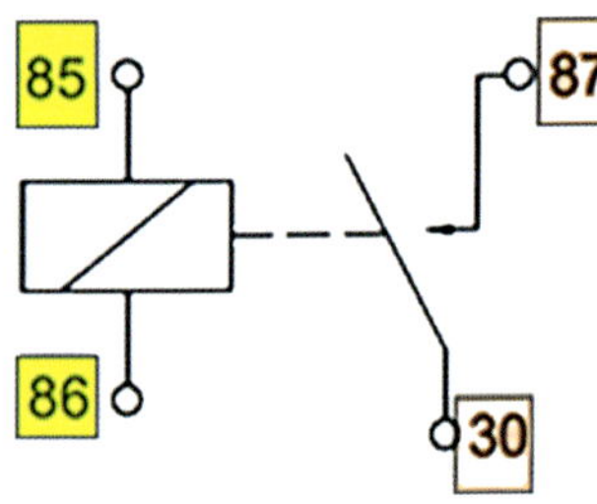

Abb. 55 Schließer.

Abb. 56 Wechsler-Relais.

Aufgabe

Relais sind elektromagnetische oder elektromechanische Schalter. Sie werden zum Ein-, Aus- und Umschalten von Stromkreisen verwendet. Mit einem kleinen Steuerstrom kann ein großer Arbeitsstrom geschaltet werden. Der Spannungsabfall in den Leitungen wird gering gehalten.

Aufbau

Ein Relais besteht aus einer Spule, einem Anker mit Rückstellfeder und den Relaiskontakten.

Relaisarten

Je nach Art unterscheidet man zwischen einem Schließer-, Öffner- und Wechsler Relais.

Klemmbezeichnung Relais nach DIN 72552		
Bezeichnung	Bedeutung	Bezeichnung (alt)
85	Steuerstromkreis (–) Wicklungsende der Spule	85
86	Steuerstromkreis (+) Wicklungsanfang der Spule	86
87	Eingangsklemme Arbeitsstromkreis Öffner und Wechsler	30/51
87a	Ausgangsklemme Arbeitsstromkreis Öffnerseite	87a
88	Eingangsklemme Arbeitsstromkreis Schließer	30/51
88a	Ausgangsklemme Arbeitsstromkreis	87

In alten Traktoren befindet sich im Regelfall nur ein Relais, und das ist das Blinkrelais. Hier gibt es ein paar Besonderheiten.

Das Hitzedraht-Blinkrelais

Abb. 57 Relais.

Bei Betätigen des Blinkers fließt ein Strom vom Anschluss 12 V (Zündung) über die Spule, den Anker und den Hitzedraht zum Schalter. Der Blinkerschalter leitet den Strom je nach Schalterstellung nach links oder rechts zu den Blinkerleuchten.
Ein kleinerer Strom fließt über die Kontrollleuchte zu den Blinkern der nicht eingeschalteten Seite zur Masse ab. Bedingt durch die Widerstände (Reihenschaltung) Spule – Hitzedraht – Blinkleuchte ist der fließende Strom zu geringfügig, um die Blinker aufleuchten zu lassen, aber groß genug, um den Hitzedraht aufzuheizen.
Die Spule erzeugt durch den Strom ein Magnetfeld, mit dem sie den Anker zu bewegen versucht, aber nur so weit wie sich der Hitzedraht dehnt.
Durch den Stromfluss erhitzt sich der Draht. Dieser dehnt sich aus und ermöglicht dem Anker, sich vom Magnetfeld der Spule immer mehr anziehen zu lassen.

Abb. 58 Zeichnung – Relais.

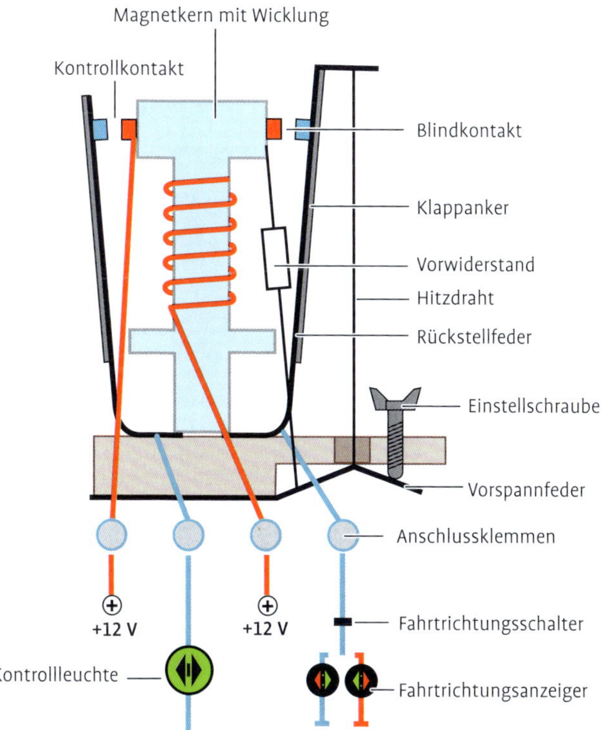

Dann erreicht der Anker mit seinem Kontakt den Anschluss, der zum Blinkerschalter führt und schließt so den Hitzedraht kurz. Jetzt fällt ein gewichtiger Widerstand aus der Reihenschaltung. Die Folge: Der Stromfluss erhöht sich deutlich, so sehr, dass die Blinkerleuchten hell aufleuchten! Auch die Kontrollleuchte erhält einen so großen Stromfluss, dass sie (trotz Reihenschaltung nach Masse) leuchtet.
Der kurz geschlossene Hitzedraht kühlt nun wieder ab, denn der Strom fließt ja nun fast ausschließlich über den Anker. Schließlich ist die Verkürzung des Hitzedrahtes so weit fortgeschritten, dass er den Anker entgegen der Magnetkraft vom Kontakt wegzieht. Damit ist die Nullstellung wieder erreicht und alles beginnt wieder neu.
Ungünstig bei Hitzedrahtblinkgebern ist, dass sie sehr anfällig gegen Unterspannung sind. Dies wirkt sich insbesondere bei älteren Traktoren aus, bei denen die Übergangswiderstände an den Kontakten etwas größer geworden sind. Durch die Unterspannung sinkt die Blinkfrequenz des Blinkgebers. Um dieses Manko auszugleichen, haben einige Hitzedraht-Blinkgeber eine Justierschraube für den Hitzedraht. Diese Justierschraube befindet sich hinter dem Isolierträger und ist über ein Bohrloch im Isolierträger zu erreichen. Um die Maschinerie des Blinkgebers vor Feuchtigkeit zu schützen, ist das Loch, das die Einstellschraube zum Vorschein bringt, normalerweise mit Klebstoff oder Silikon verschlossen. Das Einstellen der richtigen Blinkfrequenz mittels der Justierschraube ist nicht einfach und sollte von einem Kfz-Fachmann gemacht werden, der sich damit auskennt, da diese Blinkrelais einen teuer zu stehen kommen, wenn man sie zerstört.
Hitzedrahtblinkgeber beginnen mit einer Dunkelphase, d. h., dass es beim Blinken zu einer leichten Verzögerung kommt, da der Hitzedraht erst aufgewärmt werden muss.
Die Relais sind unverschämt teuer, die Preise schwanken zwischen 60 und 80 Euro.
Für eine originalgetreue Restaurierung bleibt einem aber nichts anderes übrig, als dieses Relais einzubauen.
Kenner der Traktorenszene erkennen am Blinken, ob ein originales Relais eingebaut ist.
Die Blinkfrequenz liegt bei 60 Hz +/− 30 Hz nach StVZO.

Abb. 59 Blinkrelais.

Abb. 60 Blinkrelais Querschnitt.

Abb. 61 Sockel.

Abb. 62 Kabelschuh.

Das elektronische Blinkrelais

Das Blinkrelais wird mit Zündungsplus an Klemme 49 und Masse an Klemme 31 versorgt.
Der Ausgang des Blinkrelais Klemme 49a führt weiter zum Blinkschalter an Klemme 49a. Wenn der Blinkschalter betätigt wird, fließt über das Blinkrelais ein Strom - es schaltet. Je nach Schalterstellung blinken die linken oder rechten Blinker-Glühlampen.
Fällt eine Glühlampe vorne oder hinten aus, blinkt das Blinkrelais schneller als sicherer Hinweis, dass eine Glühlampe nicht funktioniert.
Diese Blinkrelais gibt es für wenig Geld zu kaufen, auch sind sie nicht sehr spannungsempfindlich, aber die angeschlossene Leistung sollte natürlich stimmen.
Das Relais schließt man am besten über einen Sockel an. Dazu benötigt man noch die passenden unisolierten Flachsteckhülsen (für unterschiedliche Kabelquerschnitte) mit Rastzunge, die in den Relaisträger eingesetzt werden.
Das ist sehr professionell. Man kann das Relais jederzeit aus- oder einbauen, ohne die Kabelschuhe zu lösen.
Zum Ausbauen der Hülsen benötigt man ein Werkzeug, oder man behilft sich mit einem schmalen Schraubendreher, den man dann von oben in den Relaisträger (gelb) einschiebt und die Rastzunge etwas nach hinten biegt. Dann kann man die Flachsteckhülse nach unten herausziehen.
Eine Warnblinkanlage muss nach StVZO vorhanden sein. Ein Prüfpunkt bei der HU. Die gab es oft in den alten Traktoren nicht und muss deshalb nachgerüstet werden.

Abb. 63 Sockel mit Werkzeug.

Abb. 64 Warnblinkschalter mit eingebautem Warnblinkrelais (Hella).

Klemmbezeichnungen am Blinkrelais oder Zweikreisschalter

Klemme	Bezeichnung	Alte Klemmbezeichnung
49	Eingang Blinkgeber	15; +; 15+;15/54
49a	Ausgang Blinkgeber, Eingang Blinkerschalter	S;54L
49b	Ausgang 2. Blinkkreis	
49c	Ausgang 3. Blinkkreis	
C	1. Blinkkontrolllampe	C; K
CO	Anschluss für vom Blinkrelais getrennte Kontrollkreise	KO
C2	2. Blinkkontrolllampe	K1; K2; K3
C3	3. Blinkkontrolllampe	K3
L	Blinkleuchten links, am Zweikreisblinkerschalter Ausgangsklemme nur für Blinkleuchten am Traktor links	L; VL; L54
LB	Am Zweikreis Blinkerschalter Ausgangsklemme nur für Blinkleuchten am Anhänger links	L54b
R	Blinkleuchten rechts, am Zweikreisblinkerschalter Ausgangsklemme nur für Blinkleuchten am Traktor rechts	R; R54
RB	Am Zweikreis Blinkerschalter Ausgangsklemme nur für Blinkleuchten am Anhänger rechts	R54b
L54	Ausgang für kombinierte Blink-Bremsleuchten an Zugmaschinen und Anhängern, links	L54
L54b	Am Zweikreis Blink-Bremslichtschalter Ausgangsklemme für kombinierte Blink-Bremsleuchten an Traktoren links hinten(bei 2-Hängerbetrieb mit getrennten Blinkkreisen)	HL
R54	Ausgang für kombinierte Blink-Bremsleuchten an Zugmaschinen und Anhängern, rechts	R54; SBR
R54b	Am Zweikreis Blink-Bremslichtschalter Ausgangsklemme für kombinierte Blink-Bremsleuchten an Traktoren rechts hinten(bei 2-Hängerbetrieb mit getrennten Blinkkreisen)	HR

Vergleichstabelle Relaisanschlüsse

Ich hatte noch ein altes Blinkrelais aus einem französischen Fahrzeug. Dort ist die Klemmbezeichnung aber anders als bei uns. Das kann man natürlich trotzdem einbauen. Daher hier mal eine Vergleichstabelle.

Land	D	F	Japan	USA	GB
Eingang	49a	+	B	X/B	X/B
Ausgang	49	C	L	L	L
Kontrollieren 1	C1	R		P	P
Kontrollieren 2	C2	R2		C2	C2
Minus	31		E	Masse	Masse

Zur Leistung der Blinkrelais

Standardmäßig sind bei uns Blinker-Glühlampen mit einer Leistung von 21 W in den Fahrzeugen eingebaut, in den alten Traktoren oftmals 18 W.
Fällt eine Blinklampe vorne oder hinten aus, so blinkt das Blinkrelais wesentlich schneller. Das Blinkrelais reagiert also auf die angeschlossene Leistung. Das wiederum kann nur richtig funktionieren, wenn die richtigen Glühlampen eingesetzt werden und wenn das richtige Blinkrelais verwendet wird. Das ist eine sehr häufige Fehlerquelle, die man immer wieder findet.

Leistung Blinkrelais entschlüsseln

Beim Ersatz des Blinkrelais also auf die Leistung achten, was bedeutet , dass:
12 V/18 W (2+1+1) oder
12 V/21 W (2+1+1) oder
12 V (2+1+1) × 18 W

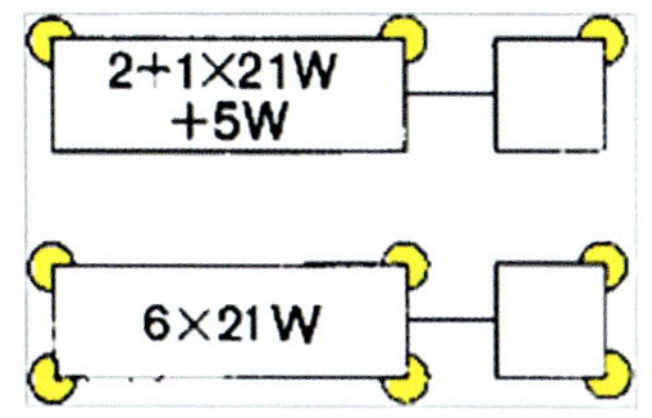

Abb. 65 Schaltbild eines Blinkrelais.

12 Volt = die Spannung, die für das Relais ausgelegt ist
18 Watt = die Leistung für ein einzelnes Birnchen
Anzahl der Glühlampen pro Seite für Fahrzeug und Anhänger
2 → Erster Blinkkreis (am Traktor, 2 steht für doppelt, also vorne und hinten)
1 → Zweiter Blinkkreis (z. B. 1. Anhänger)
1 → Dritter Blinkkreis (z. B. 2. Anhänger)

Die Schaltungen der Blinkanlage

Kommen wir nun nach so vielen Erklärungen zu den Schaltungen, wie sie in unseren Traktoren zu finden sind.
Falls der Traktor kein Bremslicht und der Blinkerschalter drei Anschlüsse hat, dann redet man von einer Einkreis-Anlage, da ein Stromkreis reicht, die jeweils links und rechts angebrachten Blinkerleuchten zum Blinken zu bringen.

Man braucht keine Bremsleuchten, wenn das Fahrzeug nicht schneller als 25 km/h ist und vor dem 1. Jan. 1988 zugelassen wurde (§ 53 StvZo, § 72 StvZo). Sie schaden aber auch nicht. Das muss jeder bei einer Restaurierung selbst entscheiden.

Der Schaltplan ist einfach, ich möchte aber dennoch einiges erklären. Das braune Kabel (31) geht an Masse, das rote Kabel (30) wird an eine Sicherung mit Dauerplus (Spannung auch ohne Zündung) angeklemmt, dementsprechend kommt das schwarze Kabel (54 oder 15; 54 und 15 sind nur verschiedene Bezeichnungen für die gleiche Sache: Spannung bei Zündung ein) an eine Sicherung mit Spannung bei eingestecktem Schlüssel und das gelbe Kabel (54f) geht an die Klemme 49 des Blinkrelais.
54f ist einfach eine Umleitung der Spannung vom Warnblinkerschalter an den Blinkgeber. Der Warnblinker geht also immer unabhängig davon, ob der Zündschlüssel gesteckt ist oder nicht; das muss so sein. Der Blinker geht nur bei eingeschalteter Zündung.
Das Kabel (L) und der Kabel (R) sind die Zuleitungen des Warnblinkers an die Blinkleuchten. Das Blinkrelais kann man als automatischen Schalter verstehen, das selbstständig an- und ausgeht, wenn der Blinkerschalter nach links oder rechts umgelegt wird. Deswegen sitzt es elektrisch gesehen vor dem Blinkerschalter, das hier nur die drei Anschlüsse L, R und 49a hat. Das Blinkrelais erhält Spannung von 54f vom Warnblinkerschalter, gibt sie dann im Rhythmus über 49a an den Blinkerschalter weiter. Wie beim Warnblinkerschalter gibt der Blinkerschalter die Spannung dann über seine Klemmen L und R an die entsprechenden Blinkerleuchten.

Jetzt noch alle Kabel mit L mit den linken Blinkerleuchten und alle Kabel mit R mit den rechten Blinkerleuchten verbinden.

Einfache Blinkerschaltung

Diesen Blinkerschalter gibt es für Traktoren mit der einfachen oder der Zweikreis-Blinkerschaltung.

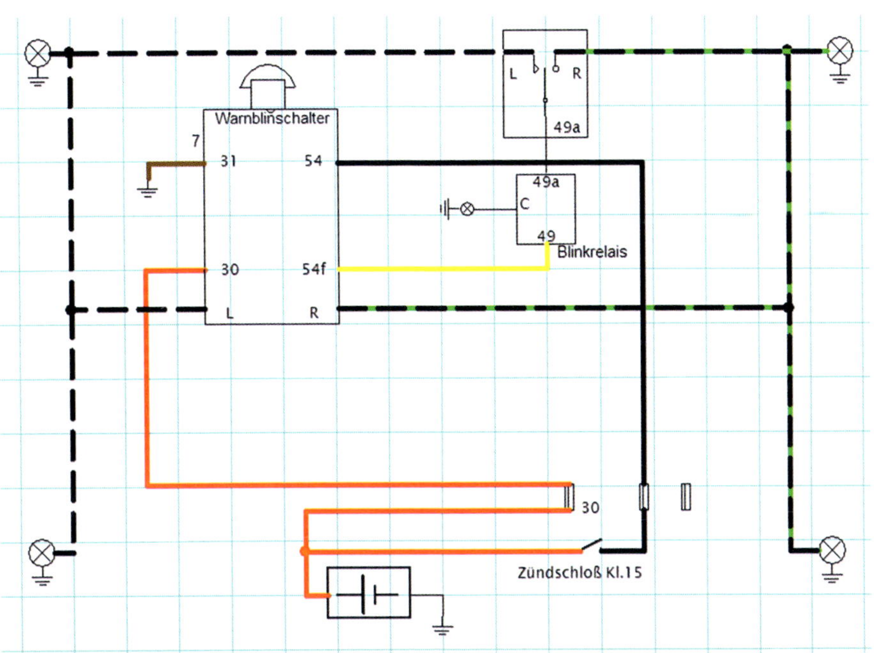

Abb. 66 Einfache Blinkerschaltung.

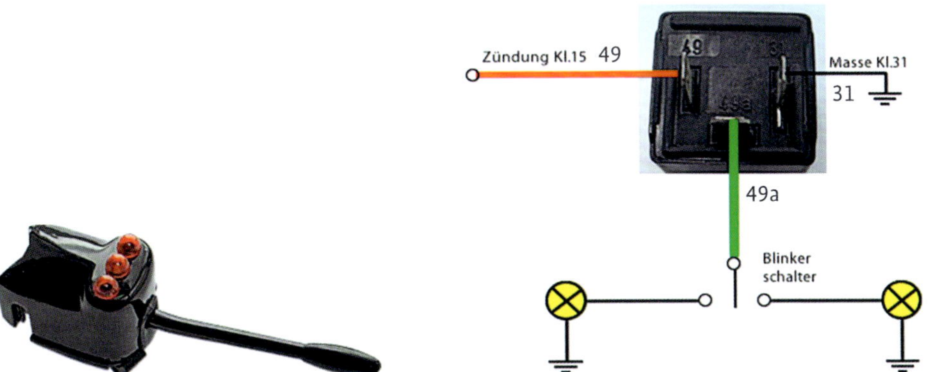

Abb. 67 Blinkerschalter mit Anzeigen.

Abb. 68 Vereinfachte Darstellung „Blinkerschaltung“.

Einkreisblinkanlage – Ausführung 2

Der Unterschied zur ersten Version besteht darin, dass das Blinkrelais schaltungstechnisch diesmal vor dem Warnblinkerschalter sitzt. Es erhält seine Spannung von Klemme 15 von der Sicherung auf die Klemme 49. Warnblinkerschalter und Blinkrelais werden dann mit dem grünen Kabel verbunden. Der Blinkimpuls wird dann vom Warnblinkerschalter 54f über das schwarz-blaue Kabel an den Blinkerschalter 49a weitergegeben.

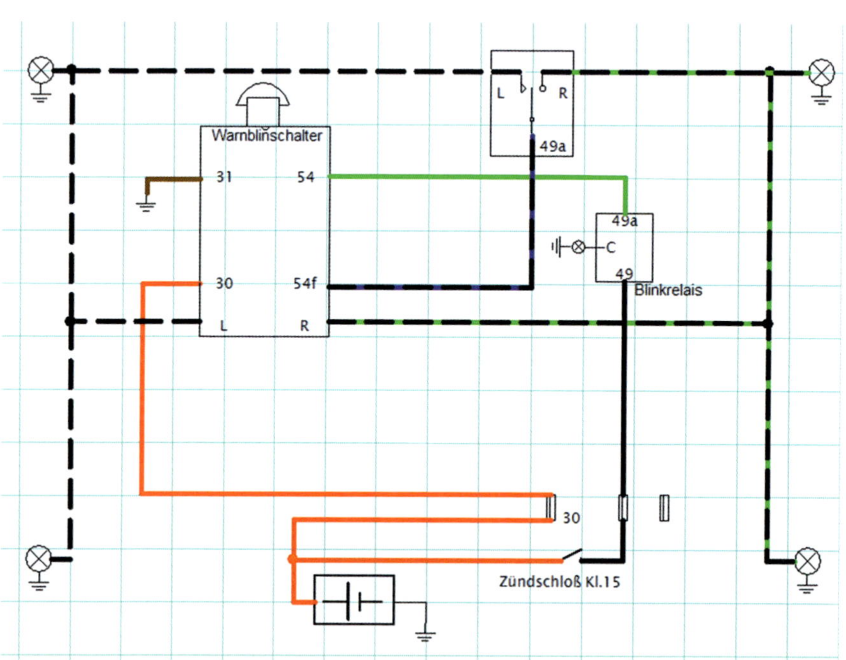

Abb. 69 Einkreisanlage für getrennte Blink-/Bremsleuchte.

Zweikreisanlage für kombinierte Blinker- und Bremslichter

Etwas anders wird der Schaltplan, wenn auch noch ein Bremslichtschalter verbaut ist und das Bremslicht auf eine Blinkerleuchte wirkt. Die vorderen Blinker dürfen nicht mitleuchten, wenn auf die Bremse getreten wird. Daher müssen die vorderen von den hinteren Blinkerleuchten getrennt werden. Ein weiterer Stromkreis wird benötigt. Jetzt spricht man von einer Zweikreisanlage.

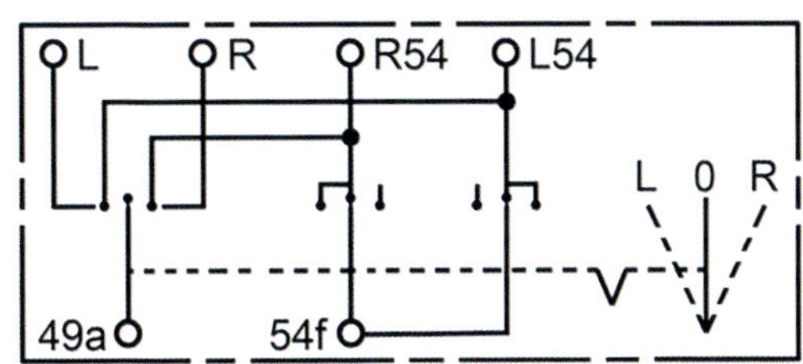

Abb. 70 Schaltbild eines Zweikreises Blinkerschalter.

Abb. 71 Anschlüsse Zweikreis-Blinkerschalter.

Der Blinklichtschalter hat jetzt 6 Klemmen, ein sogenannter „Zweikreisblinkerschalter“, da die Blinkkreise vorne und hinten getrennt werden müssen. Der Blinkgeber für normales Blinken erhält jetzt seine Spannung direkt von der Klemme 15 von der Sicherung und gibt den Blinkimpuls über seine Klemme 49a an die gleichnamig benannte Klemme am Blinkerschalter. Über L und R geht’s dann zu den Blinkerleuchten vorne und über L54 und R54 zu den Blinkerleuchten hinten.
Beim Betätigen des Blinkerschalters nach links oder rechts wird einmal L und L54 oder auf der anderen Seite R und R54 geschaltet.

Funktion

Wird der Schalter betätigt, geht es über das schwarz-weiße Kabel an den Blinker vorne links, über das schwarz-grüne Kabel zum Blinker vorne rechts. Doch wie bekommen die hinteren Blinkerleuchten mit, dass der Warnblinker eingeschaltet wurde? Dies geschieht über das blaue Kabel. Dieses verbindet über die Klemmen 54f Warnblinker Schalter und Blinkerschalter. Somit blinken bei eingeschaltetem Warnblinker alle vier Blinkerleuchten.
Das gelbe Kabel wird genutzt, um bei getretener Bremse die hinteren Blinker- /Bremsleuchten leuchten zu lassen. Der Warnblinkerschalter bekommt nämlich über sein gelbes Kabel an 54 die Info, ob die Bremse getreten wird und gibt diese Information über das blaue Kabel an den Blinkerschalter, der in diesem Fall Spannung über L54 und R54 weitergibt. An den Klemmen C und C1 usw. werden die Kontrollleuchten angeschlossen.
Da die Firma Bosch und Hella unterschiedliche Klemmen haben, sind hier beide Schaltpläne dargestellt.

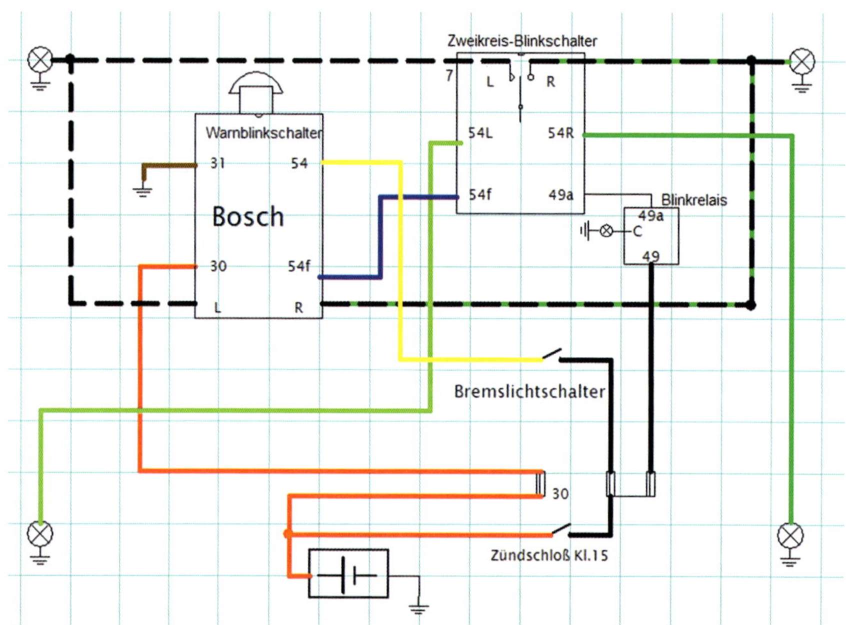

Abb. 72 Zweikreis-Blinkanlage „Bosch“.

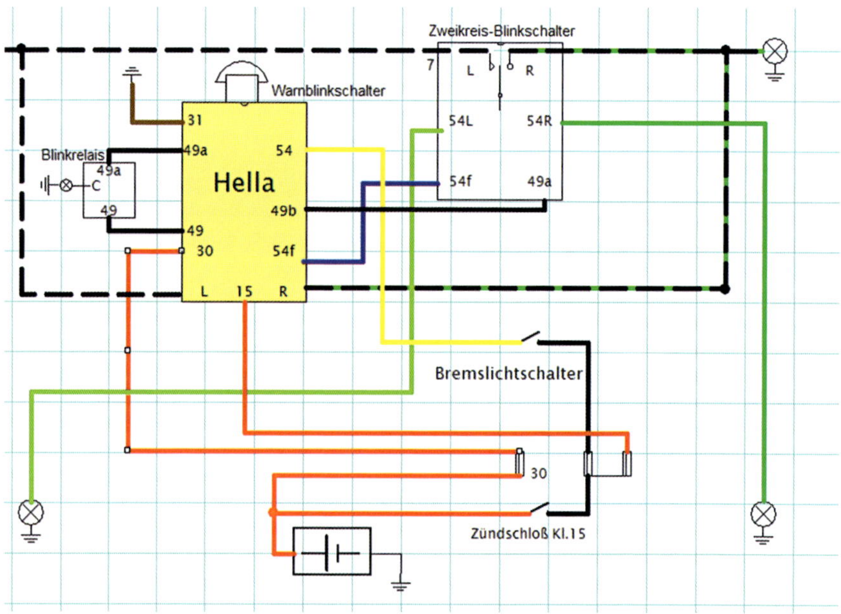

Abb. 73 Zweikreis-Blinkanlage „Hella“. Hier an der Klemme 54 kann man separate Bremslichter für den Anhänger über die 7-polige Steckdose anschließen.

Fehlersuche in der Blinkanlage		
Störung	**Ursache**	**Abhilfe**
kein Blinken	1. Glühlampe defekt	austauschen
	2. Sicherung defekt	überprüfen
	3. keine Spannung	messen am Blinkrelais / Zweikreisschalter
	4. Relais defekt	messen / austauschen
	5. Blinkerschalter / Warnblinkschalter defekt	messen / austauschen
	6. Kabelbruch	suchen und beheben
schnelles Blinken	1. Glühlampe defekt	austauschen
	2. falsche Glühlampe eingebaut	austauschen
	3. Relais hat falsche Leistung	austauschen
Bremslicht leuchtet vorne	1. Verdrahtung falsch	Zweikreisblinkerschalter kontrollieren Klemme L und R, 54R und 54L
	2. Verdrahtung falsch	Klemme 49s und 54f kontrollieren
Lampen leuchten mit halber Helligkeit oder blinken wild umher	1. fehlende Masseverbindung	Masseleitung kontrollieren, siehe Kniffe
	2. Kontakte oxidiert	Kontakte in den Leuchten kontrollieren
im Anhänger	3. fehlende Masseverbindung	oft kommt Masse über das Zugmaul am besten, Masseverbindung über Steckdose verlegen

Relais prüfen

Auch ein Relais kann mal kaputt gehen. Hier zeige ich wie man ein Relais prüft. Dieses kann man mit einfachen Mitteln z. B. mit einer angelegten Spannung am Relais und einem Durchgangsprüfer/Multimeter prüfen.
Hat man in der Fehlersuche bereits Verkabelung ausgeschlossen und alle Spannungen gemessen und das Relais funktioniert immer noch nicht, baut man das Relais am besten aus um es zu prüfen.
Zum Prüfen eines einfachen Schaltrelais reicht eine normale 9 V Block Batterie, ein Durchgangsprüfer oder ein Multimeter aus.
Natürlich kann man auch eine 12 Volt Batterie oder ein geeignetes Labornetzteil nutzen.
Im Kapitel „Relais“, habe ich bereits die Klemmen eines Relais beschrieben, also das Relaisschema sollte bekannt sein.
Daraus ergibt sich, dass sich die Spule des Relais zwischen der Klemme 85 und 86 befindet.

Abb. 75 Relais von innen.

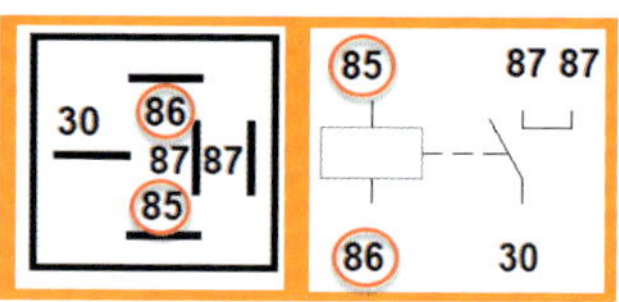

Abb. 74 Klemmen Schließer Relais/Schaltbild.

Also legen wir die Spannung an diesen beiden Klemmen an und prüfen damit die Spule des Relais.
Wenn jetzt die Batterie mit diesen beiden Kontakten (85–86) verbunden wird, sollte das Relais schon „klacken“.
Jetzt weiß ich, dass die Spule des Relais funktioniert, weiß aber noch nicht ob die Kontakte schalten.
Dazu klemme ich jetzt noch einen Multimeter oder einen Durchgangsprüfer an die zu schaltenden Kontakte an.
In diesem Fall Klemme 30 und 87.

Abb. 76 Anschluss 9 V Blockbatterie.

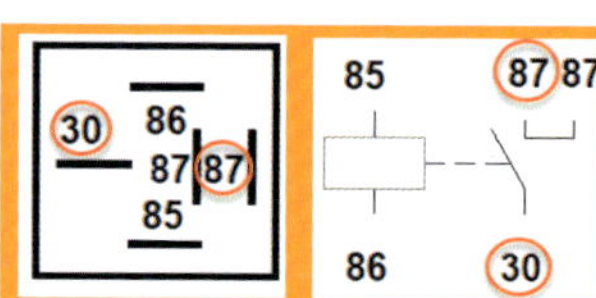

Abb. 77 Relaiskonktakte.

Abb. 78 Beispiel Symbol.

Beim Anlegen der Batterie oder Spannung sollte jetzt der Durchgangprüfer leuchten oder Piepsen.
Wird ein Multimeter verwendet, muss man den Drehschalter auf Durchgangs Prüfung einstellen. Das Symbol dazu kann bei jedem Gerät anders sein.

Abb. 79 Anschluss 9 V Blockbatterie mit Durchgangsprüfer.

Beispiel:
In dieser Stellung wird ein Wert angezeigt und es gibt einen Ton von sich.

Mit dieser Möglichkeit kann man das Relais schnell testen, das ist doch einfach oder?
Aber Achtung, wir haben mit einem Durchgangsprüfer oder Multimeter gemessen. Hier fließt ein sehr geringer Strom des Messgerätes.

Das heißt, wenn die Kontakte des Relais eventuell verbrannt sind oder sich ein Abbrand gebildet hat, kann die Durchgangsprüfung noch funktionieren, aber wenn das Relais Last schaltet, kann es sein, dass der Strom nicht ausreichend fließen kann.
Hier macht man dann am besten eine Spannungsabfall Messung soweit das möglich ist. Das habe ich ja bereits erklärt, wie es funktioniert.

Abb. 80 Relais mit Kontakten.

Glühlampen, die im Traktor verbaut sind				
Bezeichnung	**Sockel**	**Bild**	**Maße**	**Wo verbaut**
Kugel-Glühlampe 12 V/18 W oder 21 W	BA15S		47; ø 25; ø 15	Bremslicht/Licht
Sofitte 12 V/18 oder 21 W	Sv8,5		15; 41	Bremslicht/Blinker
Bilux® 12 V 45/40 W	P45T		max. ø 41; 28,5; 50; 32; BILUX®	Hauptscheinwerfer
Bilux® 12 V 35/35 W	BA 20d		ø 36 max.; 32,7 nom.; 54,0 max.; 17 max.	Hauptscheinwerfer
Glühlampe 12 V/2 W	BA9S		8,5; 23	Traktormeter
Glühlampe 12 V/2 W	BA7S		7,5; 21,0	Traktormeter
Glühlampe 12 V/5 W	BA9S T4W		9; 26	Standlicht
Sofitte 12 V/5 W	SV8,5		15; 41	Standlicht

Scheinwerfer einstellen

Eine korrekte Einstellung der Scheinwerfer ist sehr wichtig und wird auch von der StVZO gefordert und bei der Hauptuntersuchung kontrolliert.
Die korrekte Einstellung ist enorm wichtig:

- Bei zu niedrig eingestellten Scheinwerfern verliert der Fahrer entscheidende Meter an Sichtweite.
- Bei zu hoch eingestellten Scheinwerfern wird man zu einem gefährlichen Blender.

Einstellung

- Fahrzeug auf ebenen Boden 5 Meter rechtwinklig vor eine senkrechten Wand stellen.
- Licht einschalten.
- Höhe der Scheinwerfermitte – 19 cm bei Abstand des Schirmes von 5 m vom Schlepper. Scheinwerfer so einstellen, dass bei vollem Licht die Lichtmitte auf Einstellhöhe in Breite des Scheinwerferabstandes liegt und die obere Kante des Abblendlichtes mit der Einstellhöhe abschließt.

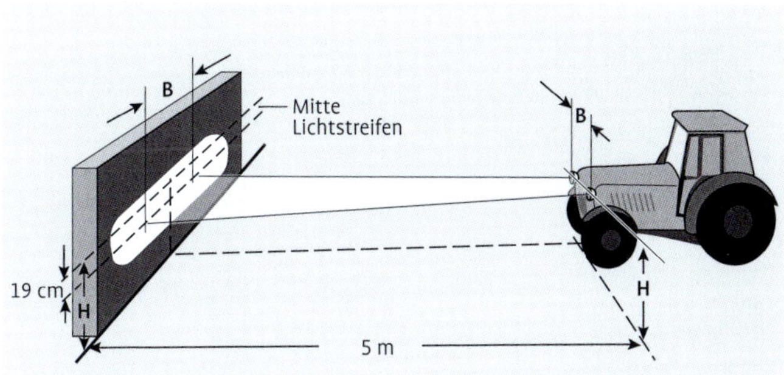

Abb. 81
Scheinwerfer-Einstellung.

Vorglühanlage und Umbau

Um bei kaltem Motor das Anlassen zu erleichtern, müssen Dieselmotoren mit Vorkammern vorgeglüht werden. Dies geschieht mittels der Glühkerzen, durch die ein elektrischer Strom geleitet wird, um den Brennraum bzw. die Vorkammern vorzuheizen. Beim alten Traktor dauert das Vorglühen noch recht lange, die berühmte „Diesel-Gedenkminute“.
Der Glühwächter, ein geheizter Draht, zeigt den Heizstand an. Im Zuge der technischen Weiterentwicklung konnte die Vorheizzeit durch den Einbau besserer Glühkerzen stark verkürzt werden.
Glühanlagen gibt es in Reihen- und Parallelschaltung. Wenn bei einer Reihenschaltung eine Glühkerze ausfällt, dann ist die ganze Anlage ohne Funktion.

Bauteile der Glühanlage

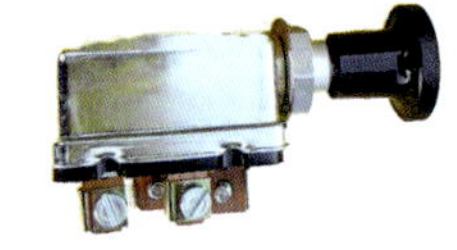

Abb. 82 Vorglühschalter.

Abb. 83 Vorglühschalter.

Abb. 84 Vorglühwiderstand.

Abb. 85 Glühüberwacher.

Abb. 86 Wendelglühkerze.

Abb. 87 Stabglühkerze.

Aufbau der Glühkerzen

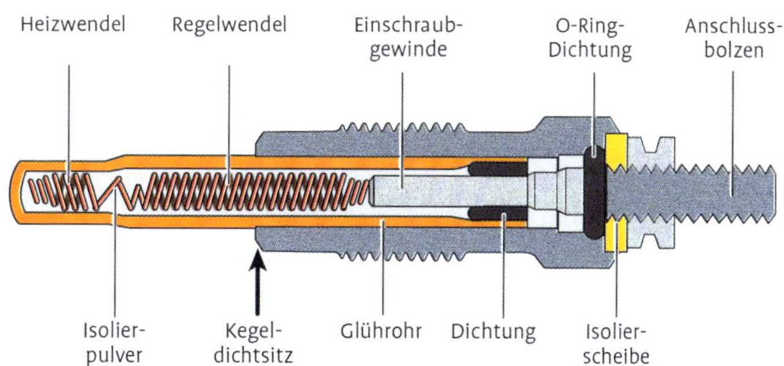

Abb. 88 Aufbau der Glühkerzen.

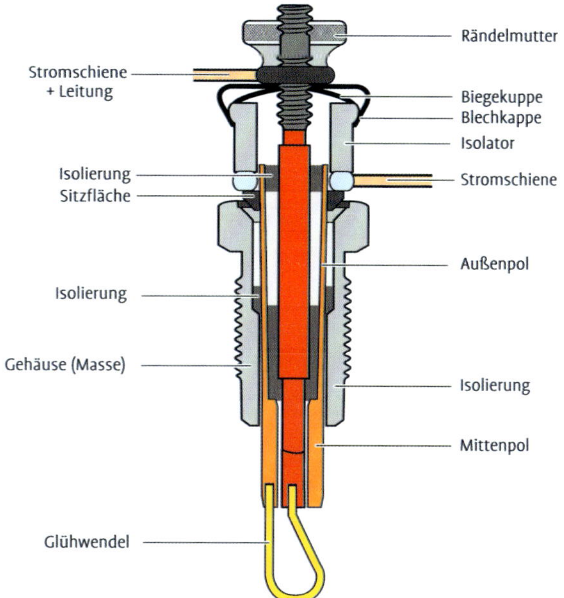

Abb. 89 Glühwendelkerze.

Funktionsweise Vorglühen

Wenn man den Vorglühschalter auf Stufe 1 dreht, fließt ein Strom über die Klemme 19 über die Glühanzeige durch den Vorglühwiderstand und durch die Glühkerzen gegen Masse. Es wird vorgeglüht.
Bei der zweiten Stufe fließt der Strom über Klemme 17 an der Glühanzeige vorbei über den Vorglühwiderstand durch die Glühkerzen gegen Masse. Gleichzeitig wird auf Stufe 2 über die Klemme 50 der Anlasser betätigt.

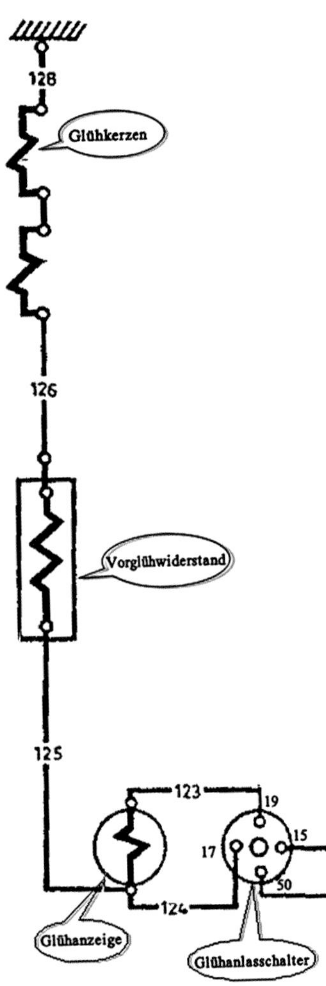

Abb. 90 Glühanlage.

Weiteres Vorglühen erfolgt ohne Glühanzeige mit Betätigung des Anlassers.

Wie schon beschrieben, braucht man einen anderen Glühüberwacher, wenn man die Glühanlage umbaut. Diese gibt es fertig zu kaufen; pro Glühkerze werden 10 A-Überwacher benötigt. Also für eine Glühkerze 10 A, für zwei Glühkerzen 20 A usw.

Auch im Glühüberwacher kann man die Glühwendel austauschen. Die Beschaffung war bisher schwierig. Es gibt aber mittlerweile Händler im Internet, die diese anbieten. Beim Kauf darauf achten, ob die Wendel für Beru- oder Bosch-Glühüberwacher gedacht ist, denn sie passen sonst nicht.

Wie im Bereich Kabelquerschnitte schon beschrieben, sollte man auch hier auf einen ausreichenden Kabelquerschnitt der Vorglühanlage achten.

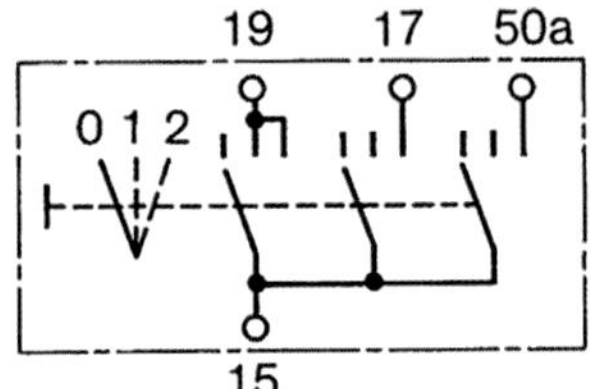

Abb. 91 Schaltbild Starterschalter/Glühanlassschalter.
Stufe 1 Vorglühen
Stufe 2 Glühen und Anlasser betätigen

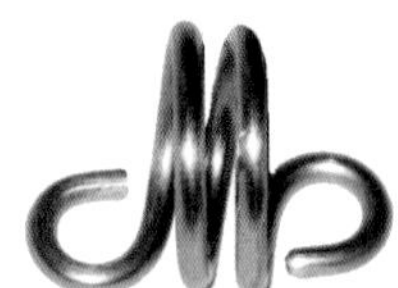

Abb. 92 Glühwendel.

Umbau von Wendelglühkerzen in Stabglühkerzen

Wenn man die alten Wendelglühkerzen gegen Stabglühkerzen austauscht, ist einiges zu beachten, z. B. entfällt der Vorwiderstand und evtl. muss man im Glühüberwacher die Glühwendel austauschen. Die neueren Stabglühkerzen haben eine höhere Heizleistung. Deshalb sollte man auf die neuere Version umbauen. Das bewirkt vor allem im Winter ein besseres Startverhalten.
Ein Vorwiderstand ist dann nicht mehr nötig, denn die neuen Kerzen haben eine Spannung von ca. 10,5–11 V, die alten Kerzen hatten ca. 1,7 Volt. Deshalb musste die übrige Spannung an einem Vorwiderstand verbraten werden. Dieser Vorwiderstand kann ruhig eingebaut bleiben, er wird aber nicht mehr angeschlossen. Neue Glühkerzen werden ohne Isolator angeschlossen, wie man unten sieht.

Abb. 93 Glühstiftkerze.

Ersatztyp Stabglühkerze anstatt Wendelglühkerze
Zum Beispiel Bosch 10,5 V 10 A M18×1,5 (Stabglühkerze)
Best.Nr.: 0 25 200 055
Passt in Porsche-Traktoren

Abb. 94 Alte Vorglühanlage.

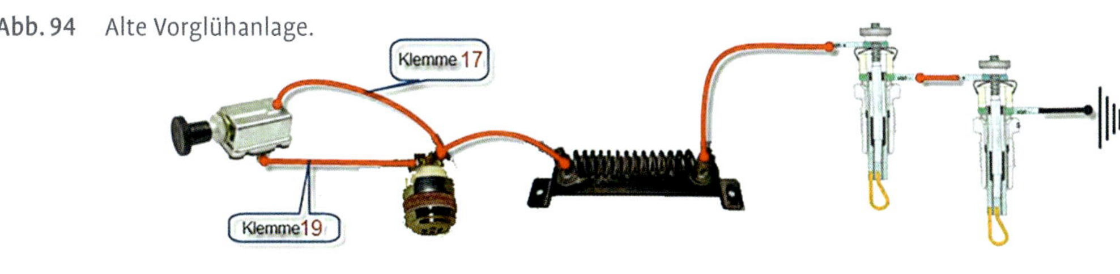

Abb. 95 Neue Vorglühanlage.

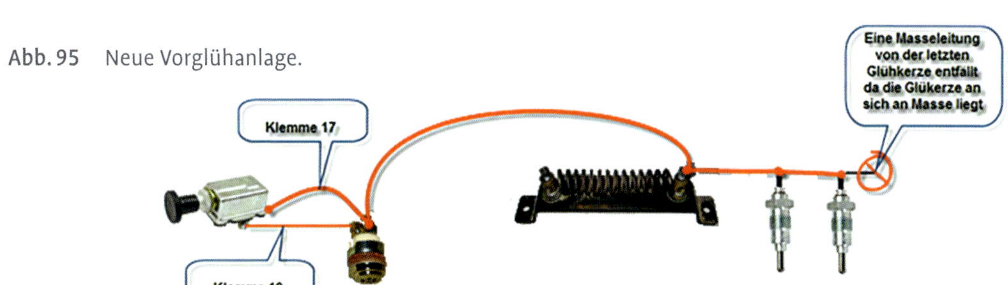

Fehlersuche Glühanlage

Damit die Glühkerze glühen kann, muss sie mit Spannung versorgt werden. Hier sollte man sich vorher über die Spannung der verbauten Glühkerze informieren.
Das kann man schnell prüfen:

- Zündung einschalten.
- Glühschalter betätigen.

Beispiel 2 Zylinder:
Am Anschluss der 1.Glühkerze muss eine Spannung gemessen werden. Die ist abhängig vom eingebauten Vorwiderstand und der Glühwendel. Sie sollte ca. 6,9 V betragen.
Sollte die 1. Glühkerze defekt sein, zeigt die Strombrücke zur 2. Glühkerze keine Spannung mehr an.

Batteriespannung:	*12 V*
(Vorglühwendel)	*–1,7 V*
(Vorglühwiderstand)	*–3,5 V*
ergibt ca. 6,9 V	

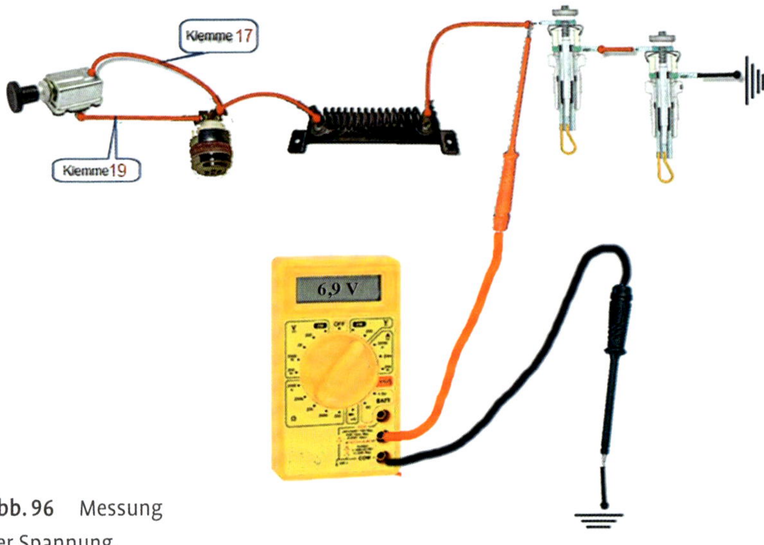

Abb. 96 Messung der Spannung.

Ist die Spannung zu gering, muss man herausfinden, wo sie verloren geht mit folgender Spannungsverlustmessung:

Spannungsverlustmessung

- Zündung einschalten,
- Glühschalter betätigen.

Mit einem Multimeter die Spannung zwischen Glühkerze und Glühschalter Klemme 17 messen. Die Spannung sollte hier ungefähr zwischen 0–0,5 Volt sein.
Sollte überhaupt keine Spannung zu messen sein, dann rückwärts von der Glühkerze angefangen in Richtung Batterie prüfen, wo die Spannung „hängen“ bleibt. Dies kann ein defekter Schalter, eine lose Klemme oder auch ein Kabelbruch sein.

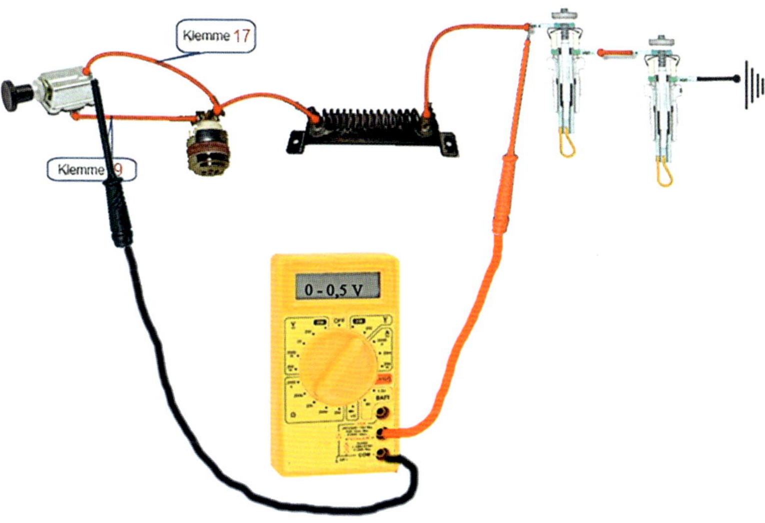

Abb. 97 Spannungsverlustmessung.

Glühkerzen überprüfen

Möchte man wissen, ob die Glühkerzen überhaupt noch funktionieren, gibt es mehrere Methoden:

1. Die Glühkerze ausbauen und mit einem dicken Kabel (ich nehme immer ein Überbrückungskabel) direkt an der Batterie anschließen und schauen ob die Glühkerze gleichmäßig anfängt von vorne an zu glühen.
2. Mit einem Zangenamperemeter Messgerät an die Glühleitung anschließen. Dann Zündung ein, Glühschalter betätigen. Es fließen grob geschätzt 10 A pro Glühkerze, also ca. 30–40 Ampere bei einem Dreizylinder.

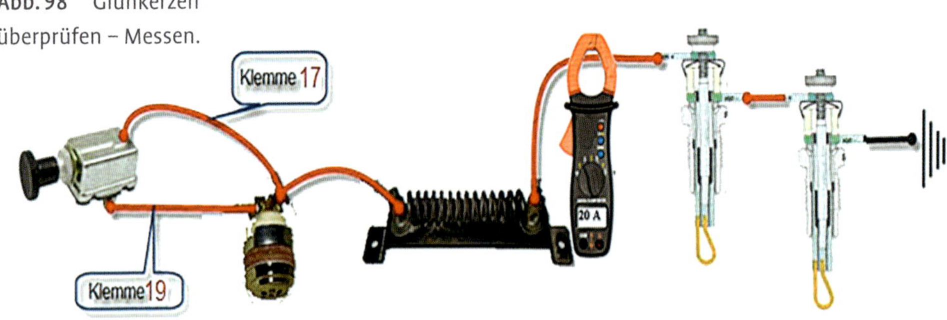

Abb. 98 Glühkerzen überprüfen – Messen.

Flammglühanlage

In einigen Traktoren wurden Flammglühanlagen eingebaut. Hierbei handelt es ich um eine Flammstartkerze, die in ein Flammrohr eingebaut ist, an die eine Kraftstoffleitung angeschlossen wird. Den Kraftstoff bekommt sie von der Vorförderpumpe. Auch gibt es Flammglühanlagen mit Heizflansch, um nur eine weitere zu nennen.

Funktion

Beim Vorglühen wird die Glühwendel aufgeheizt. Durch die entstehende Temperatur öffnet sich die Düse (Bimetall geregelt) und der Kraftstoff wird eingespritzt. Dieser wird wie bei einer Dieseleinspritzdüse fein zerstäubt eingespritzt und entzündet sich. Der Motor saugt dann die „brennende Luft“ an, was ein erleichtertes Anlassen des Motors ergibt. Es können Temperaturen bis 800 °C entstehen.
Das Ganze gibt es auch mit einer Flammstartkerze, einem Magnetventil und einem Glühsteuergerät.

Abb. 99 Flammglühkerze.

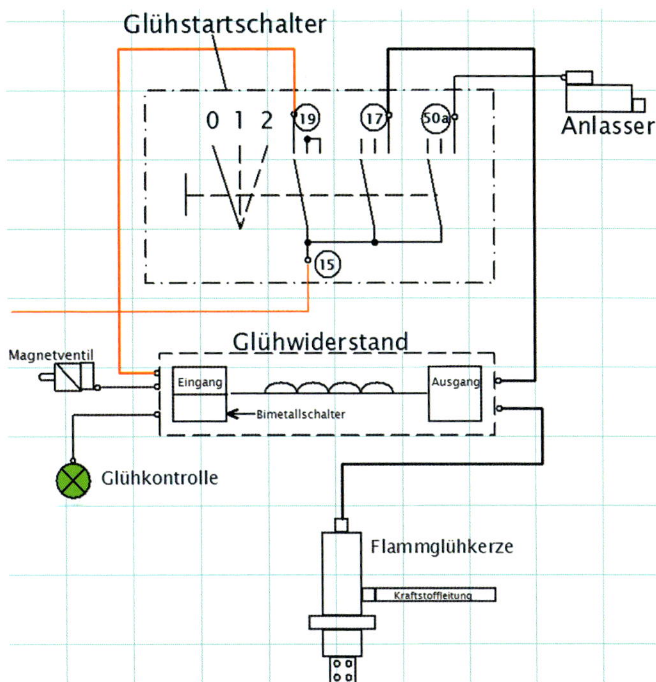

Abb. 100 Schaltbild Flammstartanlage – Beispiel Deutz.

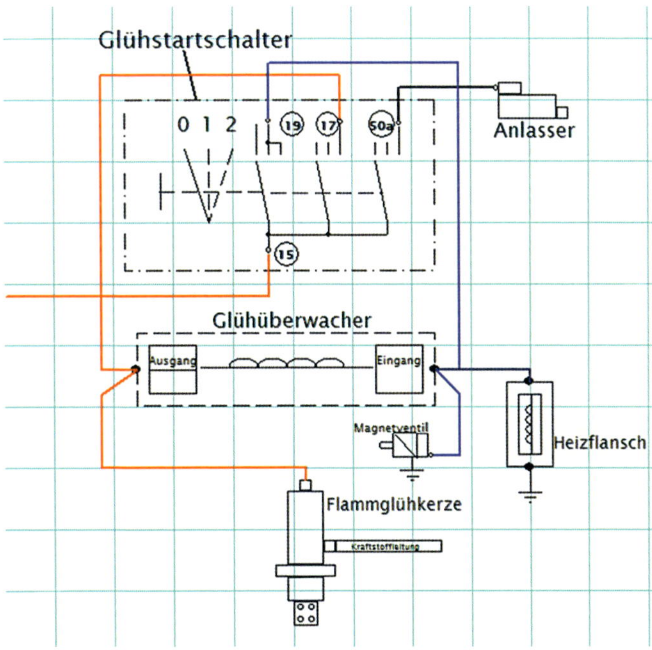

Abb. 101 Schaltbild Flammstartanlage mit Heizflansch Beispiel Deutz D8006.

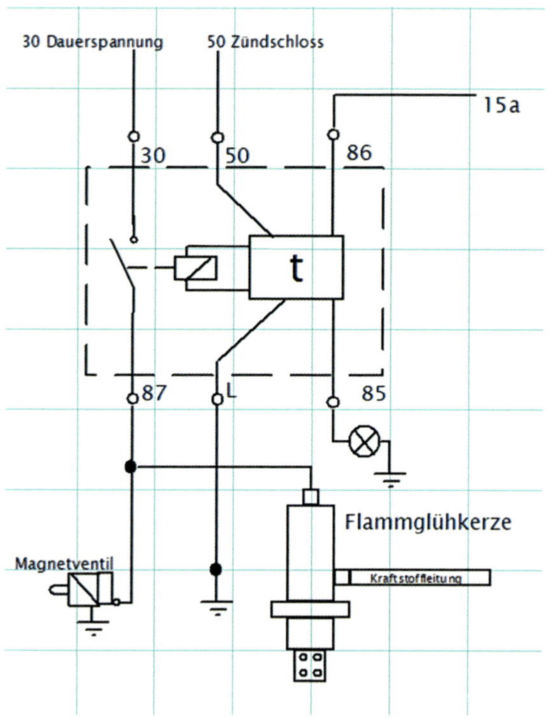

Abb. 102 Flammstartanlage mit Relais.

Fehlersuche in der Flammglühanlage

Die Fehlersuche in dieser Anlage erweist sich als einfach, da nur wenige Fehler auftreten können:

- Spannung messen an den Flammglühkerzen.
- Wird das Kraftstoffventil mechanisch geöffnet?
- Wird Kraftstoff eingespritzt (Düse rausschrauben und kontrollieren)?

Vorsicht vor herausspritzendem Diesel. Schutzkleidung und Schutzbrille tragen!

Anhand der Schaltpläne, die hier eingefügt sind, ist die Fehlersuche einfach.

Schalter und Geräte

Zündschloss oder Schaltkasten

Wie bei einem PKW wurde auch in einem Traktor Zündschlosser verbaut. Das Zündschloss hatte meistens nicht nur die Aufgabe, die „Zündung“ zu schalten, sondern diente auch als Lichtschalter. Diesen Schalter gibt es in mehreren Variationen.

Abb. 103 Zündkasten.

Diese vier Stellungen gibt es:			
Stellung „0“	**Schlüssel eingesteckt**	**Tagfahrt**	**Kl.30-15**
Stellung „1“	Schlüssel eingesteckt 1× rechts gedreht	Standlicht	15-58
Stellung „2“	Schlüssel eingesteckt 2× rechts gedreht	Stand- und Abblendlicht	15-58-56b
Stellung „3“	Schlüssel eingesteckt 3× rechts gedreht	Stand- und Fernlicht	15-58-56a

Abb. 104 Zündschloss.

Anschluss: Schraubklemmen 15, 30, 56a, 56b, 58.
Als Kontrolle soll, wenn der Schlüssel eingesteckt wird, die Öldruck-Kontrollleuchte (grün) und die Lade-Kontrollleuchte (rot) leuchten.
Es gibt Schlösser, bei denen man in Stellung 1 den Schlüssel abziehen kann. Dies ermöglicht dann das Parklicht bei abgezogenem Zündschlüssel .

Wenn man den Zündschalter erneuert, bitte darauf achten, Schraubklemmen zu verwenden. Diese rütteln sich nicht los. Verwendet man Schalter mit Steckanschlüssen, bitte nur die Kabelschuhe mit Arretierung verwenden. Denn wenn sich ein Kabel losrüttelt, was beim Traktor durchaus mal passieren kann, ist man von einem Kabelbrand nicht weit entfernt.

Abb. 105 Kabelschuh.

Es gibt auch Zündschlösser an Traktoren, die ähnlich aufgebaut sind wie die an einem PKW. Diese findet man an Traktoren jüngerer Baujahre. Über diesen Schalter wird der Traktor auch gestartet.

Öldruckschalter

Abb. 106 Öldruckschalter.

Der Öldruckschalter ist meistens als Öffner ausgelegt, das heißt, wenn der Motor nicht läuft und nur die „Zündung" an ist, leuchtet die Kontrolle. Wird der Motor gestartet, baut sich ein Öldruck auf. Wenn der Druck auf ca. 0,5 bar (je nach Schaltertyp) angestiegen ist. Dann öffnet sich der Schaltkontakt und die Kontrollleuchte geht aus.
Die Kabelfarbe, die zum Öldruckschalter geht, ist grün. Das Gewinde ist im Regelfall beim Porsche M10×1 konisch.

Abb. 107 Öldruckschalter.

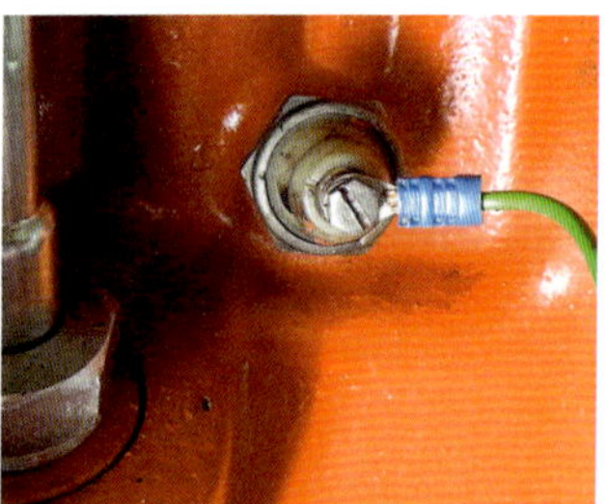

Abb. 108 Öldruckschalter.

Betriebsstundenzähler

In einigen Traktoren wurden Betriebsstundenzähler eingebaut, man nennt sie auch manchmal Horameter (Horam, aus dem Lateinischen = Stunde zu Stunde oder stündlich). Diese sind sehr nützlich, damit man abschätzen kann, was der Motor geleistet hat und wann man evtl. seine Inspektionen machen muss.
Damit der Stundenzähler auch nur die tatsächlichen Stunden zählt und nicht auch die, an denen nur die Zündung an ist, muss man ihn richtig anschließen.

Abb. 109
Betriebsstundenzähler.

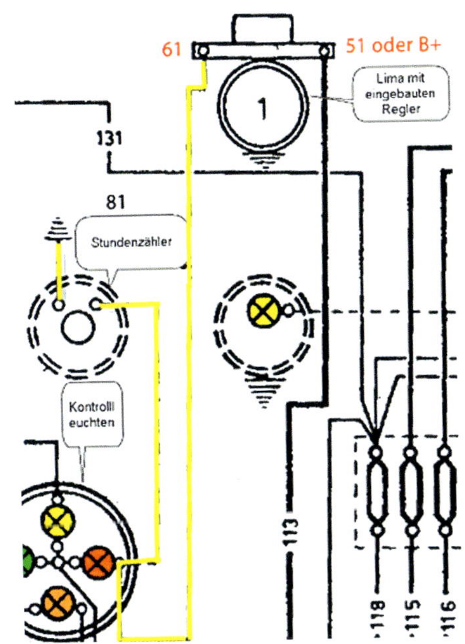

Abb. 110 Schaltbild Betriebsstundenzähler.

Der Betriebsstundenzähler hat unter Umständen drei Anschlüsse:

- Klemme 31 Masse
- Klemme Licht
- Klemme 61 Generator

Und da wird schnell klar. Die Klemme 61 muss an die Klemme zum Generator geführt werden. Somit ist sichergestellt, dass nur dann die Betriebsstunden gezählt werden, wenn der Motor läuft.

Fernthermometer

Je nach Ausstattung wurde ein Fernthermometer, ein Übertemperaturschalter oder beides eingebaut.
Der Fernthermometer für luftgekühlte Motoren ist mechanisch und wird über ein Kapillarrohr mit Geber M10 × 1,5 mit Warnlicht und Beleuchtung eingebaut.

Abb. 111 Fernthermometer.

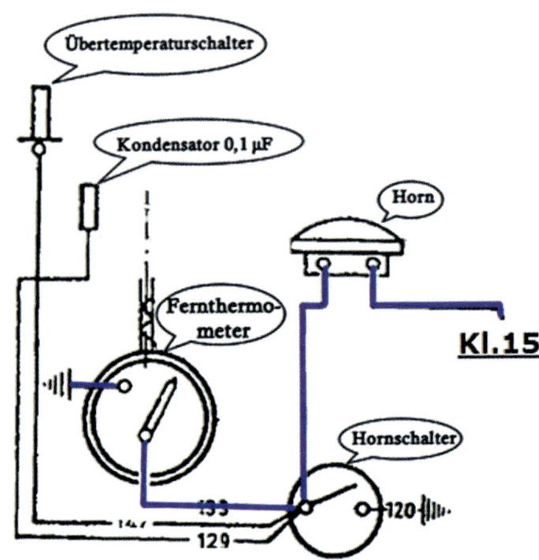

Abb. 112 Schaltbild Fernthermometer.

Der Geber wird in den Zylinderkopf eingeschraubt. Wie im Schaltplan ersichtlich, bekommt er seine Spannung über den Horndruckschalter und das Horn vom Sicherungskasten Klemme 15.

Übertemperaturschalter

Abb. 113 Einpoliger Geber für Wassertemperaturanzeiger.

Bei wassergekühlten Motoren ist es ähnlich. Dort ist an Stelle des mechanischen Fühlers ein Temperaturfühler mit einem NTC (meist) oder PTC im Zylinderkopf oder Block eingebaut.
Dieser Fühler wird dann über eine Leitung mit dem Anzeigeinstrument verbunden.
Der Anschluss erfolgt so:
In luftgekühlten Motoren gab es zwei Sorten eines Übertemperaturschalters. Einen zum Einschrauben in den Zylinderkopf und einen, der am Zylinderkopf festgeschraubt wurde. Angeschlossen wird er auch über den Hornschalter, siehe Schaltplan unten. Sobald der Motor durch irgendeinen Umstand heiß wird, löst der Schalter aus und die Hupe ertönt.
Die Schalttemperatur liegt bei Porsche-Traktoren je nach Schalter zwischen 195 °C und 220 °C.
Um Induktionsspitzen abzufangen, wurde in einigen Traktoren ein 0,1 µF- (µF =Mikrofarad) Kondensator eingebaut.

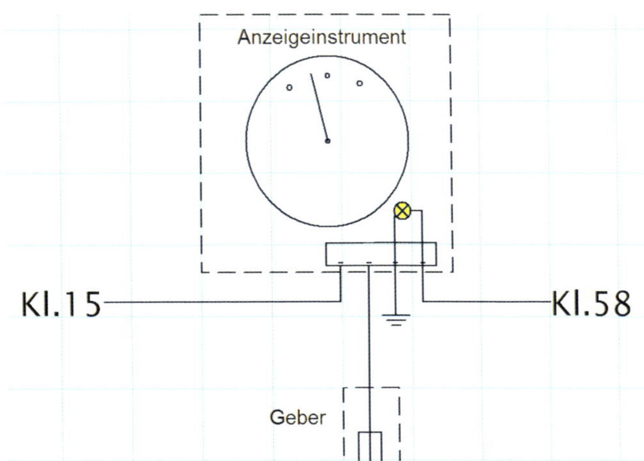

Abb. 114 Schaltbild.

Abb. 115 Übertemperaturschalter.

Abb. 116 Geber.

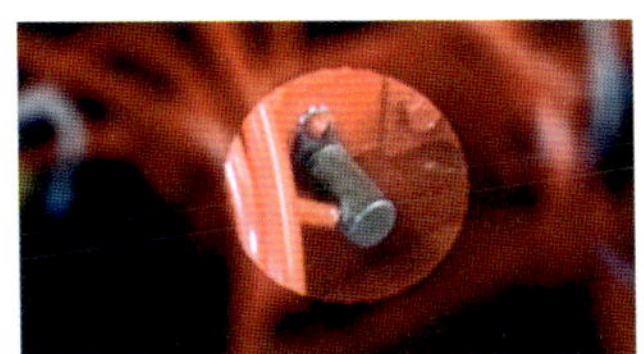

Abb. 117 Kondensator.

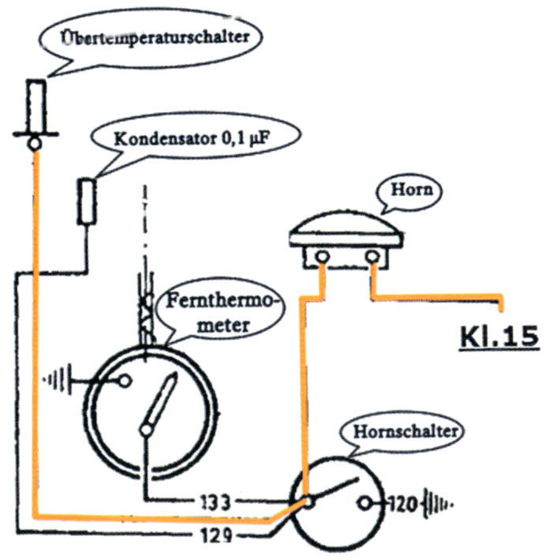

Abb. 118 Schaltung Übertemperaturschalter.

Fehlersuche für eine zu hohe Motortemperatur bei luftgekühlten Motoren

Wenn die Motortemperatur sehr hoch steigt und bei verschiedenen Traktoren die Hupe ertönt, kann das folgende Ursache haben:

- Fahren in einem zu großen Gang.
  Das bewirkt, dass das Kühlgebläse unter hoher Last nicht genug Drehzahl hat und zu wenig Kühlluft zur Verfügung steht.
  Luftgekühlte Motoren sollten immer mit Drehzahl gefahren werden. Also früh einen Gang runterschalten.
- Ein defektes Thermostat (Porsche-Traktoren) oder ein Klemmen der Luftklappe.
  Ein eventueller Abriss des Bowdenzuges ist von Porsche so gelöst worden, dass die Klappe dennoch über eine Feder offen gehalten wird.
- Dreck, Stroh oder Gras haben die Kühlluftlamellen der Zylinder verstopft.
- Zylinder wurden stark überlackiert.
- Bruch der Feder im Gebläse.
- Keilriemen rutscht oder ist gerissen.

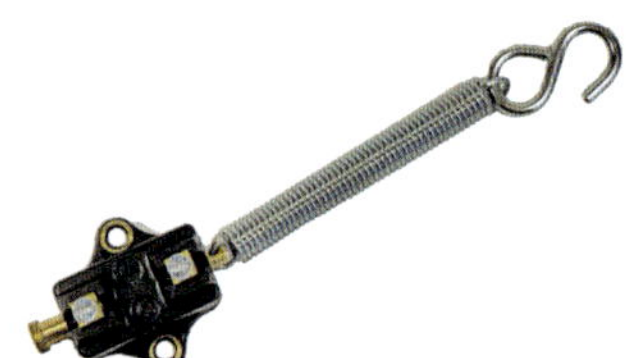

Abb. 119 Bremslichtschalter.

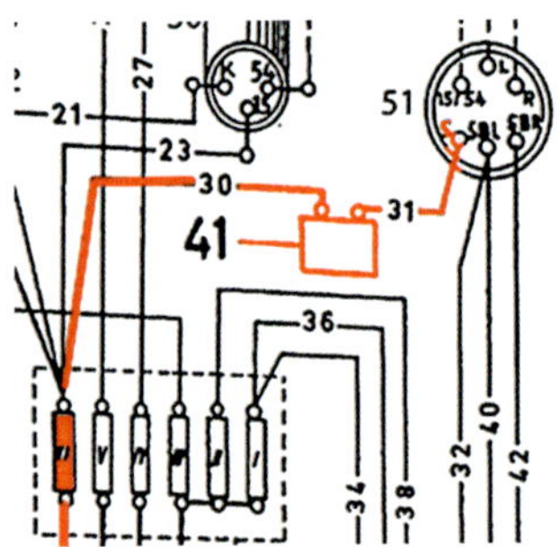

Abb. 120 Beispiel Standard Star 219 mit Zweikreisanlage.

Bremslichtschalter

Der § 53 StVZO regelt Schlussleuchten, Bremsleuchten, Rückstrahler...

„*... ist der Traktor nicht schneller als 25 km/h, dann braucht man keine Bremslichter.*“

Es ist aber auf jeden Fall ratsam, einen Traktor mit Bremslichtern auszustatten. Aber das muss jeder für sich entscheiden, denn viele Traktoren hatten einfach kein Bremslicht. Es gibt keine Nachrüstpflicht.

Der richtige Anschluss ist aus dem Schaltplan ersichtlich. Der Schalter ist ein Schließer. Spannung bekommt er abgesichert über das „Zündschloss“. Der Schaltplan ist abhängig davon, ob man eine Zweikreis- oder eine Einkreis-Blinkbremsanlage hat.

Abb. 121 Beispiel für ein Horn.

Signalhorn (Hupe)

Der § 55 StVZO besagt, das Kraftfahrzeuge eine Hupe haben müssen. Die Signalgeber sind im Regelfall Masse geschaltet, das heißt, die Hupe bekommt, wie im Schaltplan beschrieben, die 12 V-Spannung über eine Sicherung vom Zündschloss. Sobald der Hupenschalter-/Taster gedrückt wird, fließt der Strom über die Hupe durch den Schalter gegen Masse Klemme 31b.

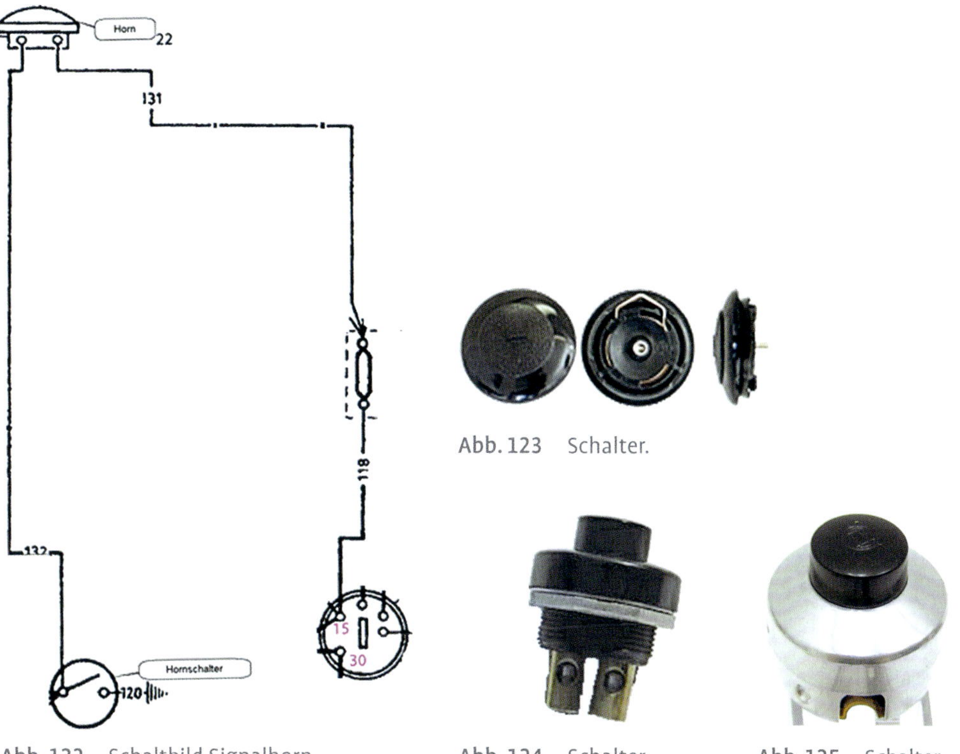

Abb. 122 Schaltbild Signalhorn.

Abb. 123 Schalter.

Abb. 124 Schalter.

Abb. 125 Schalter.

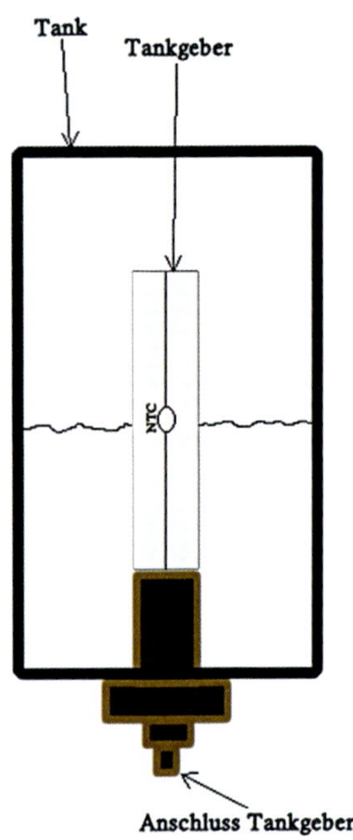

Abb. 126 Tankgeber.

Tankgeber

In den Porsche-Traktoren ist im Kraftstofftank ein Geber eingebaut. Es leuchtet ein Lämpchen, wenn der Kraftstoff zur Neige geht.

Wie funktioniert der Tankgeber?

Im Geber ist ein NTC (Negativer Temperatur Coeffizient) eingebaut. Wenn die Temperatur steigt, sinkt auch der Widerstand. Sinkt die Temperatur wird auch der Widerstand höher.

Wird der NTC vom Kraftstoff umspült, kühlt er ab und hat einen hohen Widerstand von ca. 1000–2000 Ω. Wird er weniger vom Kraftstoff umspült, so wird die Kühlung für den NTC nicht mehr genügen, der Widerstand sinkt zunehmend und das Kontrolllämpchen fängt an erst gering und dann immer stärker an zu leuchten. Das Kontrolllämpchen muss zur Leistung des Sensors passen. In diesem Fall 12 V 2 W.

NTC (Heißleiter)– Widerstand sinkt bei steigender Temperatur:
Tank voll = Temperatur niedrig
= Widerstand hoch → Lampe aus
Tank leer = Temperatur hoch
= Widerstand niedrig → Lampe an

Sollte der Sensor nicht mehr funktionieren, muss man den Sensor ausbauen und die Blechhülle öffnen. Innen hat sich entweder ein Lötpunkt gelöst oder der Thermistor (NTC) ist defekt.

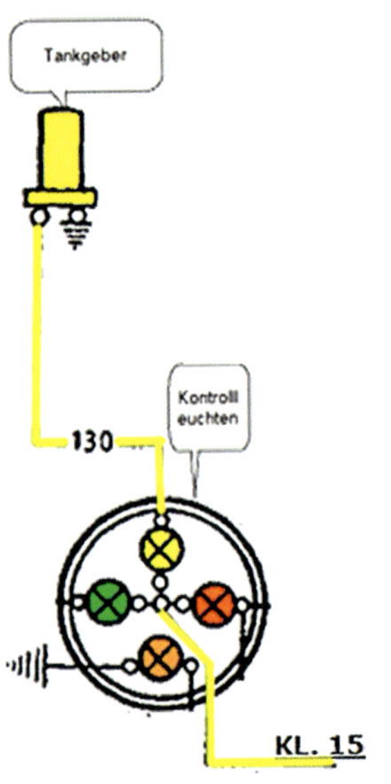

Abb. 127 Schaltbild.

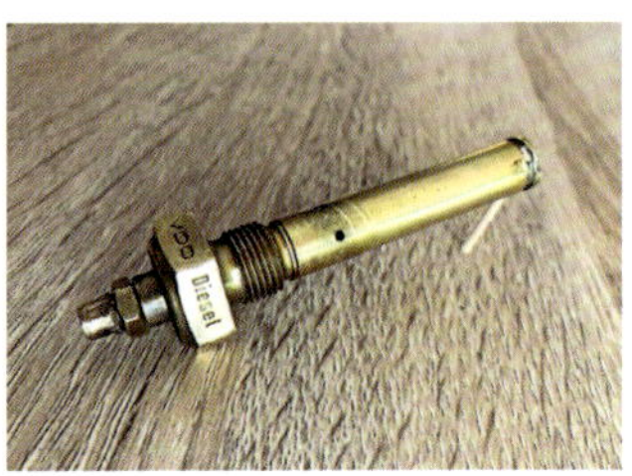

Abb. 128 Tankgeber Porsche Traktor.

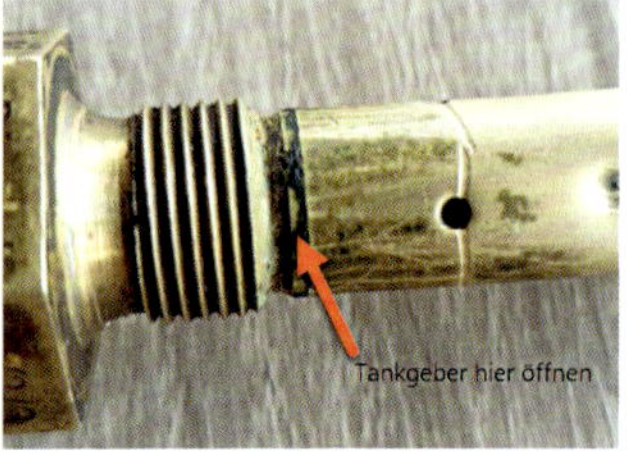

Abb. 129 Tankgeber öffnen.

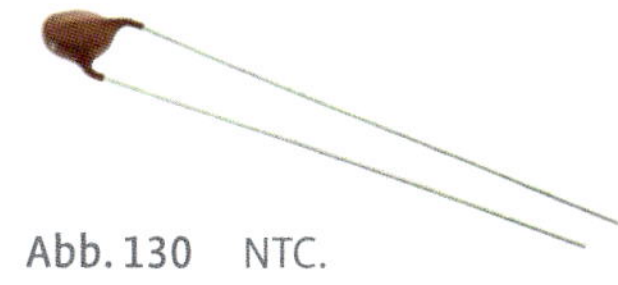

Abb. 130 NTC.

Der NTC Heißleiter ist ein NTC K164 1 KΩ Epcos
oder
AVX ND06 NTC Thermistor 1 KΩ 710 mw

Schwimmer Tankgeber

Abb. 131 Tankgeber mit Schwimmer.

Es gibt auch den klassischen Schwimmer-Tankgeber, der in einigen Traktoren verbaut wurde. Im Tank ist ein Gestänge, an dem ein Schwimmer montiert ist. Fällt oder steigt der Kraftstoff im Tank, wird über das Gestänge ein Widerstand verändert. Der Widerstand ändert sich (ähnlich wie bei einem Potenziometer (Poti). Die Anzeige erfolgt dann über das Messinstrument im Armaturenbrett.

Steckdose

Abb. 132 Steckdose.

In fast jedem Traktor ist eine Steckdose eingebaut.
Der Anschluss ist denkbar einfach. Ein Kabel wird über eine Sicherung zur Steckdose geführt. Die Masse kommt oftmals über das Gehäuse.
Kaufen Sie Steckdosen mit einer sogenannten „Anschlussfahne", dort kann man ein zusätzliches Massekabel anschließen. Es gibt auch Steckdosen mit 2 Anschlüssen für 12 V und Masseanschluss.
Wie beim Zündschloss rate ich auch hier zu geschraubten Anschlüssen. Warum wurde beim Zündschloss bereits erklärt.

Scheibenwischermotor

Abb. 133 Scheibenwischermotor.

Zu guter Letzt hier noch der Scheibenwischermotor, der in einigen Traktoren in den Verdecken eingebaut wurde. Diese Motoren anzuschließen ist einfach, da der Schalter, sofern vorhanden, am Motor verbaut ist.
Es gibt zwei Anschluss-Varianten:

- Mit einem Kabel am Verdeckholm vorbeigelegt und in die Steckdose am Armaturenbrett eingesteckt,
- oder ein fest verlegtes Kabel, das über eine Sicherung abgegriffen wird.

Der Schalter befindet sich meistens am Motor und wird auch dort bedient.

Sicherungen und Sicherungshalter

Aufgabe

Eine Sicherung hat die Aufgabe, bei zu hohem Strom diesen vollständig zu unterbrechen.

Achtung!

Sicherungen dürfen nie durch „Brücken", z. B. Stanniolpapier (Alufolie), aus leitenden Materialien „geflickt" werden. Sonst könnte ein Kabelbrand oder ein schwerer Kurzschluss entstehen.

In alten Traktoren sind sogenannte „Torpedo"-, „Tonnen"- oder „Bosch"-Sicherungen eingebaut. Diese haben den Nachteil, dass sie gelegentlich Kontaktschwächen haben oder oxidieren. Bei einer Restaurierung, bei der man Wert auf Originaltreue legt, müssen diese Sicherungen zwangsläufig wieder eingebaut werden. Legt man keinen besonderen Wert darauf, kann man die heute gängigen Flachstecksicherungen einbauen.
Diese gibt es als Einer-, Zweier-, Vierer-, Sechser-, Achter-, Zehner- und Zwölfer-Halter mit Deckel gesteckt oder geschraubt.

Zur Vollständigkeit

Es gibt darüber hinaus Maxi- und Minisicherungen, die aber im Oldtimer-Bereich nicht eingebaut werden.

Abb. 134 Sicherungsdose Torpedo-Sicherung.

Abb. 135 Halter für eine Sicherung (fliegende Sicherung).

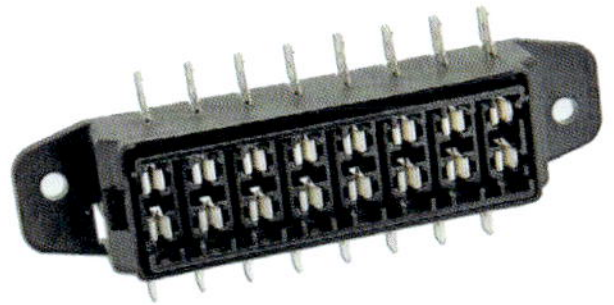

Abb. 136 Sicherungsdose Flachstecksicherung
Auch diese gibt es in verschiedensten Ausführungen.

Torpedo Sicherungen

Farbe		Ampere	
	Gelb	5A	
	Weiß	8A	
	Rot	16A	
	Blau	25A	
	Schwarz	40A	

Abmessungen 25 × 6 mm

Flachsicherungen

Farbe		Ampere	
	Rosa	3A	
	Orange/ Hellbraun	5A	
	Braun	7,5A	
	Rot	10A	
	Blau	15A	
	Gelb	20A	
	Trans-parent	25A	
	Grün	30A	
	Orange	40A	

Abb. 137 Sicherungszieher.

Die Flachstecksicherungen lassen sich, bedingt durch den festen Sitz, nicht immer einfach ausziehen. Dafür gibt es dieses Werkzeug.
Sofern ein solches Werkzeug nicht vorhanden ist, am besten eins kaufen. Es ist sehr nützlich. Eine Spitzzange tut es notfalls aber auch.

Darum ist die richtige Amperezahl wichtig

Sie könnten natürlich versucht sein, einfach irgendeine Sicherung einzubauen, Hauptsache der entsprechende Stromkreis funktioniert. Das ist aber sehr problematisch, denn wenn die empfohlene Stromstärke am jeweiligen Sicherungsplatz unterschritten wird, kann die Sicherung durchbrennen, obwohl noch gar kein kritischer Zustand erreicht ist.
Wenn Sie eine Sicherung mit zu hoher Stärke einbauen, brennt die Sicherung auch dann noch nicht durch, wenn der kritische Strom überschritten ist. Das kann zur Folge haben, dass zum Beispiel bei einem Kurzschluss elektrische Bauteile zerstört werden oder ein Kabel/Schmorbrand entsteht. Dann hat man mit Sicherheit einen größeren monetären Schaden, denn eine Sicherung kostet nur wenige Cent.

Fehlersuche – defekte Sicherung finden

Eine defekte Sicherung kann man auf verschiedene Arten suchen und finden.

Abb. 138 Sicherung.

Optisch

Einfach mal schauen, ob man den Schaden an der defekten Sicherung mit dem Auge sieht. Die Metallverbindung an der Sicherung ist häufig gut sichtbar unterbrochen.

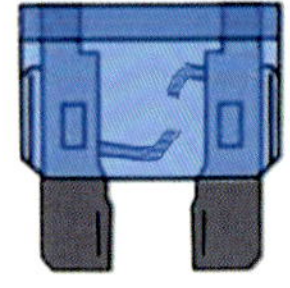

Abb. 139 Sicherung.

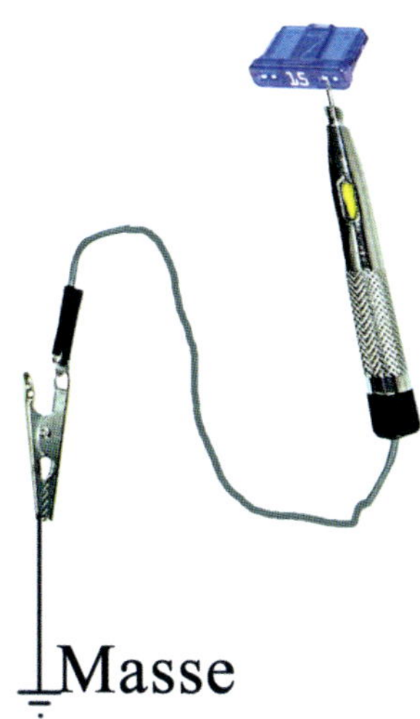

Abb. 140 Prüflampe.

Ganz einfach mit dem Prüflämpchen

Die Krokodilklemme an Masse, die Spitze des Prüflämpchens an die Sicherung. Auf einer Seite der Sicherung muss Spannung anliegen. Daran denken, evtl. die Zündung oder das entsprechende Gerät einzuschalten. Sollte auf einer Seite der Sicherung die Lampe nicht leuchten, kann man davon ausgehen, dass die Sicherung defekt ist.

Mit dem Multimeter

(Buchse „COM“ und „V“)

Die eine Spitze des Multimeters an Masse, die andere an die Sicherung. Auf einer Seite der Sicherung muss Spannung anliegen. Daran denken, evtl. die Zündung oder das entsprechende Gerät einzuschalten. Sollte das Multimeter auf einer Seite der Sicherung keine Spannung anzeigen, kann man davon ausgehen, dass die Sicherung defekt ist.

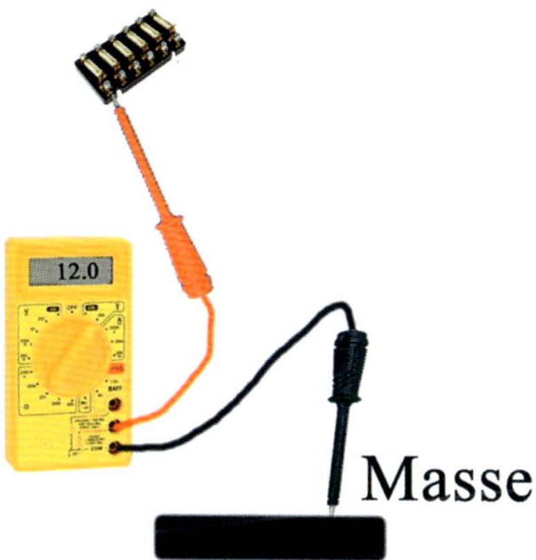

Abb. 141 Multimeter.

Kabel und Rohre

Kabelquerschnitte

Im KFZ-Bereich sind grundlegend andere Anforderung gegeben als z. B. in der Hausinstallation. Die Kabel im KFZ-Bereich sind höheren mechanischen und thermischen Beanspruchungen ausgesetzt, benötigen jedoch keinen besonderen Berührungsschutz, da die Gleichspannung im KFZ innerhalb des Schutzkleinspannungsbereiches liegt.

Anforderungen

Im Traktor dürfen nur flexible feindrahtige Leitungen (Litzen) verlegt werden. Leitungen, wie z. B. im Haushalt mit massivem Leiter, würden durch die mechanische Beanspruchung brechen. Durch die hohe Hitzeentwicklung im Traktor muss zudem auf die Verlegung bzw. auf den thermischen Schutz der Leitungen besonders geachtet werden.

Wichtig!

Keine Kabel aus der Hausinstallation verwenden.

Kenngrößen

Wie bei allen elektrischen Anlagen müssen vor der Leitungsverlegung die physikalischen Grundlagen und Vorschriften berücksichtigt werden. Diese sind:

- Leitermaterial (üblich Kupfer)
- Leitungslänge
- Querschnitt
- Umgebungstemperatur
- Strom
- maximaler Spannungsabfall

Belastung Kabelquerschnitt:	
Kabelquerschnitt mm²	**max. Belastung der Leitung**
1,5 mm²	16 A
2,5 mm²	20 A
4 mm²	30 A
6 mm²	40 A
10 mm²	50 A
16 mm²	70 A
25 mm²	90 A
35 mm²	110 A
50 mm²	140 A

Ca.-Angaben; sie hängen von mehreren Faktoren ab, u. a. von der Temperatur.

Grundsätzlich gilt

- *Je höher der Strom desto dicker die Leitung.*
- *Je länger die Leitung desto höher der Spannungsabfall.*

Der Richtwert für die Kfz-Sicherungen sollte folgende Querschnitte nicht unterschreiten:	
max. Sicherungswert	**Kabelquerschnitt**
Sicherung bis 5 A	Querschnitt 0,75 mm²
Sicherung bis 8 A	Querschnitt 1 mm²
Sicherung bis 15 A	Querschnitt 1,5 mm²
Sicherung bis 25 A	Querschnitt 2,5 mm²
Sicherung bis 30 A	Querschnitt 4 mm²
Sicherung bis 40 A	Querschnitt 6 mm²
Sicherung bis 60 A	Querschnitt 10 mm²
Sicherung bis 80 A	Querschnitt 16 mm²

Zum Querschnitt von Kfz-Leitungen gibt es zwei Faustregeln:

- *Bei einer Kurzzeitbelastung sollten pro mm² höchstens 10 Ampere fließen.*
- *Bei einer Dauerbelastung sollten pro mm² höchstens 5 Ampere fließen.*

Hinweis:

Die Kabelquerschnitte, die im Porsche-Traktor verbaut sind, sind im Schaltplan dargestellt. Diese sind im Regelfall auch für andere Traktoren gültig.

Querschnitt des Kabels über den Außendurchmesser bestimmen

Man kann vom Außendurchmesser eines Kabels nicht eindeutig auf den elektrischen Leitungsquerschnitt schließen. Wir müssen zwischen den älteren FLY-Leitungen und den heute üblichen FLRY unterscheiden. Die FLRY-Leitungen besitzen eine dünnere, jedoch bessere und robustere Isolierung, sodass der Außendurchmesser dieser Kabel meistens geringer ausfällt. Der Außendurchmesser kann auch je nach Hersteller und Litzenaufbau schwanken.
Als Anhalt kann nachfolgende Tabelle dienen. Sie ist aber ohne Gewähr und nur als Hilfestellung gedacht. Mit der Zeit erkennt man, welchen Querschnitt ein Kabel hat.

Querschnitt des Kabels über den Außendurchmesser bestimmen		
Querschnitt	Außendurchmesser FLY	Außendurchmesser FLRY
0,5 mm²	2,1 mm	1,5 mm
0,75 mm²	2,3 mm	1,8 mm
1,0 mm²	2,5 mm	2,0 mm
1,5 mm²	2,8 mm	2,3 mm
2,5 mm²	3,6 mm	2,8 mm
4,0 mm²	4,3 mm	3,5 mm
6,0 mm²	4,8 mm	4,2 mm

FLY = alte Leitungen DIN/ISO 76722
FLRY = übliche moderne Leitung nach DIN 72551
Alle Angaben sind ca.-Werte.

FLRY-Kabel haben eine höhere Dauertemperaturbeständigkeit und sind hochwertiger. Also bitte darauf achten, dass man sich beim Neukauf gleich die neuere Variante holt.

Sollte man noch alte FLY-Leitungen besitzen, macht man nicht unbedingt einen Fehler. Diese können immer noch verwendet werden.

Kabelquerschnitte am Porsche (gelten meist auch für andere Traktoren)		
von → nach	**Querschnitt**	**Nummer**
Batterie → Anlasser	35 mm²	111
Anlasser → Hauptschalter	4 mm²	112
Anlasser → Lima	4 mm²	113
Hauptschalter → Glühanlassschalter	4 mm²	114
Hauptschalter → Sicherungsschalter	2,5 mm²	117
Glühanlassschalter, Vorglühwiderstand, Glühüberwacher	4 mm²	123, 124, 125, 126 127

Hinweise zu den Querschnitten in den Schaltplänen beachten. Sollte ein Querschnitt nicht bekannt sein, kann man ihn berechnen. Hilfe dazu sind in den Berechnungen (Spannungsverluste in Leitungen) aufgezeigt.

Isolierschläuche – Bougierrohr

Die Kabel werden in Isolierschläuche eingezogen. Die Kunststoff-Isolierschläuche aus PVC eignen sich zum geschützten Verlegen und Bündeln von Leitungen (Herstellung von Kabelbäumen) an Fahrzeugen. Insbesondere notwendig an Stellen, an denen Kabel besonders vor Schmutz, Wasser und Beschädigung geschützt werden müssen – z. B. im Kotflügel der Traktoren oder an der Lichtmaschine. Diese Rohre gibt es in verschiedenen Farben und Durchmessern.

Tipp:
Als Gleitmittel zum Einziehen von Kabeln eignet sich Silikonspray.

Abb. 142 Bougierrohr.

Wie viele und welche Kabel passen in ein Bougierohr?		
Schlauchinnendurchmesser in mm	**Anzahl der Kabel 1,5 mm²**	**Anzahl der Kabel 2,5 mm²**
3	1	0
4	2	1
5	3	1
6	4	2
7	6	3
8	7	3
9	8	4
10	12	6
12	16	8
14	25	12
16	30	16

Beispiel: In ein 8 mm Bougierrohr passen 7 Kabel á 1,5 mm² oder 3 Kabel á 2,5 mm².

Kabelfarben nach DIN

Die Adern sind nach DIN 72551 in 8 Grundfarben aufgeteilt, die die überwiegende Farbe der Ader ausmacht. Zur weiteren Unterscheidung dienen die Kennfarben, die in Längsrichtung, als Ring, als eingeflochtene farbige Fäden oder als farbige Abbindung an den Leitungsenden vorhanden sind.

Kabelfarben nach DIN	
Farbe	**Verwendung**
braun	Masse
rot	Dauerplus und Vorglühen
schwarz	Plus über Zündschloss geschaltet
rot-weiß	Anlasser 50a
schwarz-weiß	Blinker links
schwarz-grün	Blinker rechts
schwarz-violett	Scheibenwischer
schwarz-gelb	Hupe
schwarz-rot	Bremslicht
gelb	Scheinwerfer Abblendlicht recht
gelb-schwarz	Scheinwerfer Abblendlicht links
weiß	Scheinwerfer Fernlicht rechts
weiß-schwarz	Scheinwerfer Fernlicht links
grau	Rücklicht/Standlicht rechts
grau-schwarz	Rücklicht/Standlicht links
grau-rot	Instrumentenbeleuchtung
blau-weiß	Fernlichtkontrolle
blau-rot	Lichtmaschine Ladekontrolle
blau-schwarz	Tankgeber/Tankanzeige
grün	Öldruck
blau-grün	Übertemperaturschalter

Einen Kabelbaum erstellen

Muss man aufgrund des desolaten Zustandes oder aufgrund einer Restaurierung einen Kabelbaum neu erstellen, ist es am besten, wenn man einen alten Kabelstrang zur Verfügung hat. Man besorgt sich mehrere große Bretter und legt den Kabelbaum darauf, wie eine Art „Lehre“. Die Bretter oder die Holztafel sind dann so groß wie der gesamte Kabelbaum. Jetzt werden die Kabel abgemessen und an allen relevanten Teilen ein Nagel eingeschlagen. Alles auf dem Brett beschriften und dann die einzelnen Stränge nachbauen. Die Kabel aber etwas länger lassen und erst bei der Endmontage auf das richtige Maß kürzen. Kabel sinnvoll

bündeln und in die Isolierschläuche einziehen.
Perfekt ist es, wenn alles noch markiert und beschriftet wird. Dann gelingt der Einbau nachher umso leichter.

Wichtig:
Wie bereits empfohlen, unbedingt an alle relevanten Teile zusätzlich ein Massekabel mit einziehen, da es bei neu lackierten Teilen immer wieder zu Masseproblemen kommt.

Aderendhülsen

Abb. 143 Aderendhülse.

Wenn die Kabel nachher verklemmt werden, muss man Aderendhülsen verwenden.
Aderendhülsen werden eingesetzt, um die abisolierten Enden von Litzenleitungen zu schützen, sodass sie ohne Beschädigung der Einzeldrähte in Klemmen angeschlossen werden können. Die Aderendhülsen müssen exakt zum Leiterquerschnitt ausgewählt und mit der dafür vorgesehenen Crimp-Zange verpresst werden.
Beim Verlegen der Kabel ist darauf zu achten, dass alle Kabeldurchführungen mit einer Kabeltülle versehen werden müssen. Dies verhindert ein Durchscheuern am oft scharfen, dünnwandigen Blech.

Abb. 144 Tülle.

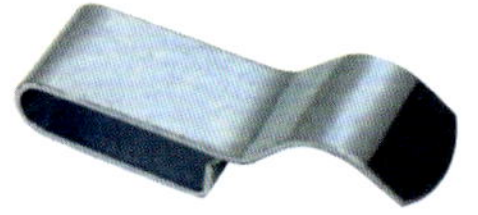

Abb. 145 Halter / Schelle.

Tipp!
Zur Verlegung von Kabeln in Kotflügel hinten gibt es spezielle Blechklammern (Chassisklemmen), in welche die Kabel mit Kabelrohr hineingelegt werden können.

Anschlüsse und Schaltpläne

Traktormeter / Tacho

Abb. 146 Traktormeter.

Was ist beim Anschließen des Traktormeters zu beachten?

Der Traktormeter muss wegen der Masseverbindung genau so angeschlossen werden, wie seine Klemmen belegt sind, Die Tachobeleuchtung bekommt ihre Spannung vom Schalter und einer Masseleitung. Lade-, Öldruck- und Kraftstoffkontrolle bekommen ihre Spannung vom Schaltkasten, Masse geht gegen den entsprechenden Schalter. Die Blinkkontrollleuchte bekommt ihre Spannung vom Relais und geht gegen Masse.

Abb. 147 Traktormeter.

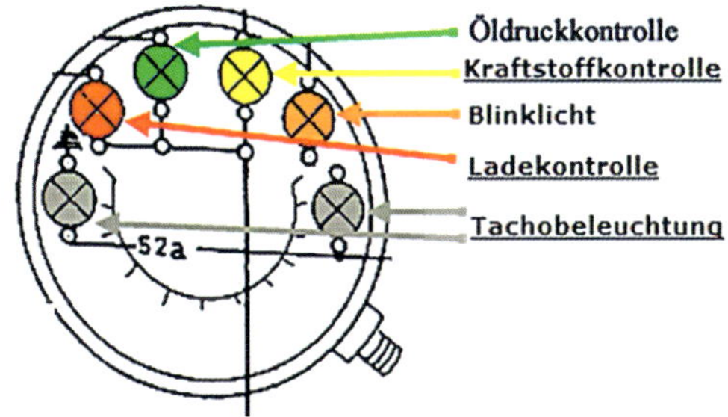

Abb. 148 Traktormeter.

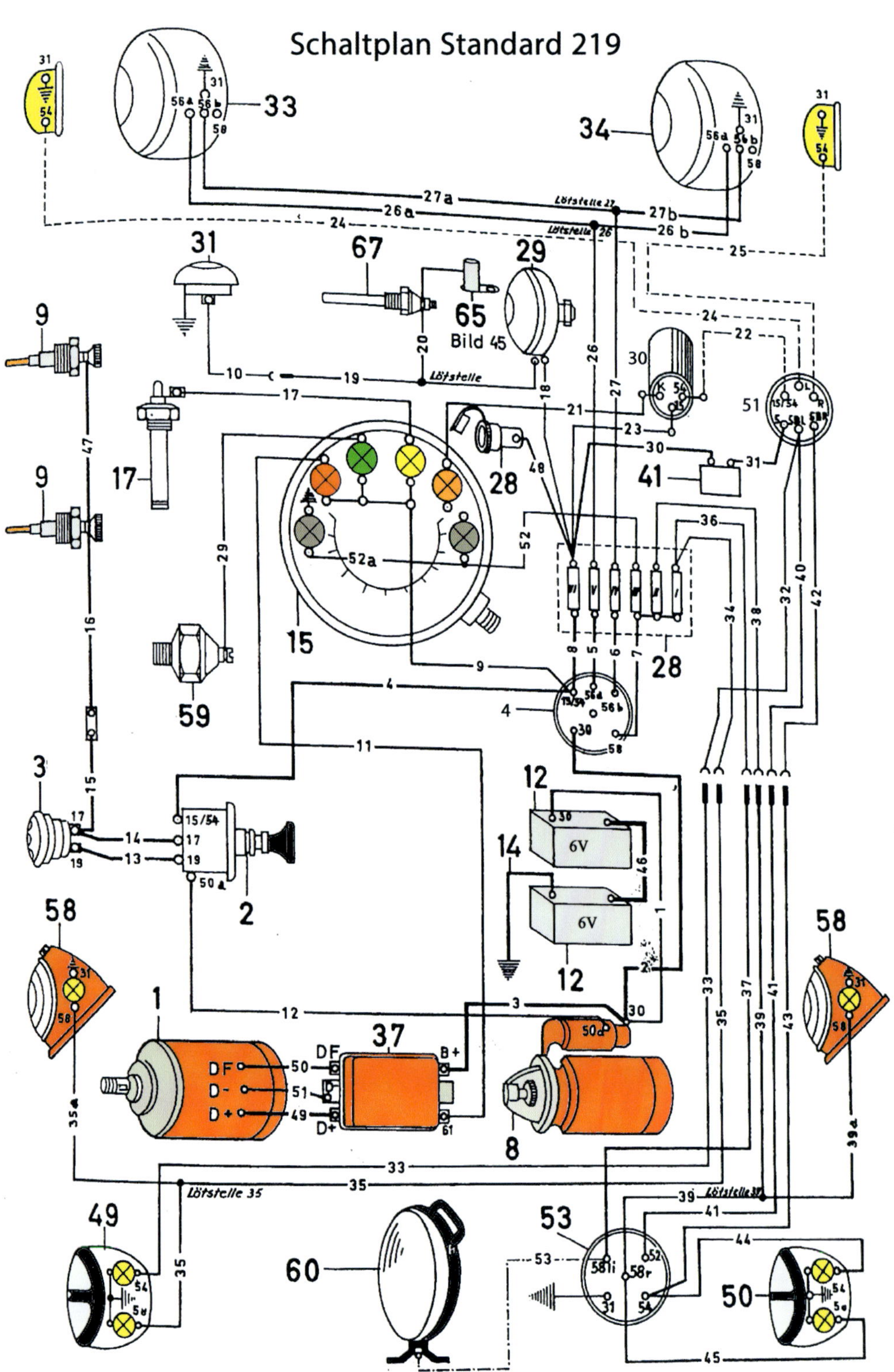
Schaltplan Standard 219
33
34
31
67
29
65
Bild 45
9
17
15
28
41
51
30
59
4
3
2
12
14
6V
6V
58
1
37
8
49
60
53
50
Lötstelle 27
Lötstelle 26
Lötstelle
Lötstelle 35
Lötstelle 39
DF
D-
D+
B+
61
15/54
17
19
50a
30
56a
56b
58
31
54

Abb. 149 Schaltplan Porsche Standard 219.

Belegungsnummer des Schaltplanes Porsche Standard 219

1	Generator
2	Glühanlassschalter
3	Glühüberwacher
4	Zündschloss/Schaltkasten
8	Anlasser
9	Glühkerze
15	Traktormeter
17	Tankgeber
28	Sicherungsleiste
28	Steckdose
29	Horn
30	Blinkrelais
31	Hornschalter
37	Regler
41	Bremslichtschalter
49	Rücklicht links
50	Rücklicht rechts
51	Blinkerschalter
53	Steckdose AHK
58	Standlicht / Begrenzungsleuchte
59	Öldruckschalter
60	Arbeitsscheinwerfer
65	0,1 µF Kondensator
67	Übertemperaturschalter
33/34	Scheinwerfer

Schaltplan Standard 218

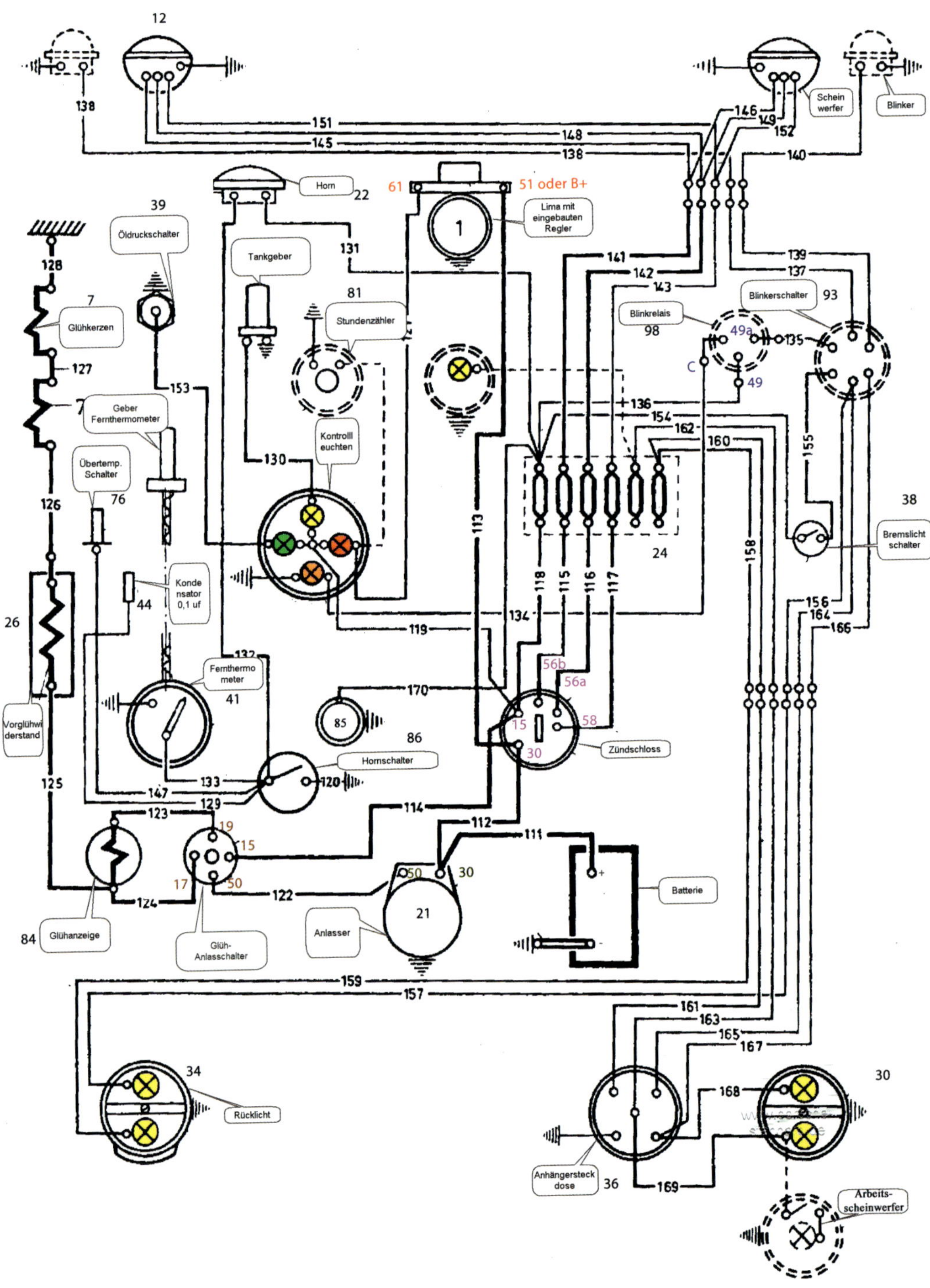

Abb. 150 Schaltplan Porsche Standard 218.

Belegungsnummern des Schaltplanes Porsche Standard 218

1	Generator
7	Glühkerze
12	Scheinwerfer
21	Anlasser
22	Horn
24	Sicherungsleiste
26	Vorglühwiderstand
30	Rücklicht rechts
34	Rücklicht links
36	Steckdose AHK
38	Bremslichtschalter
39	Öldruckschalter
41	Fernthermometer
44	0,1 μF Kondensator
76	Übertemperaturschalter
81	Betriebsstundenzähler
83	Glühanlassschalter
84	Glühüberwacher
85	Steckdose
86	Horndruckknopf
87	Zündschloss/Schaltkasten
93	Blinkerschalter
98	Blinkrelais
104	Blinkerschalter

Abb. 151 Vierfachanzeige.

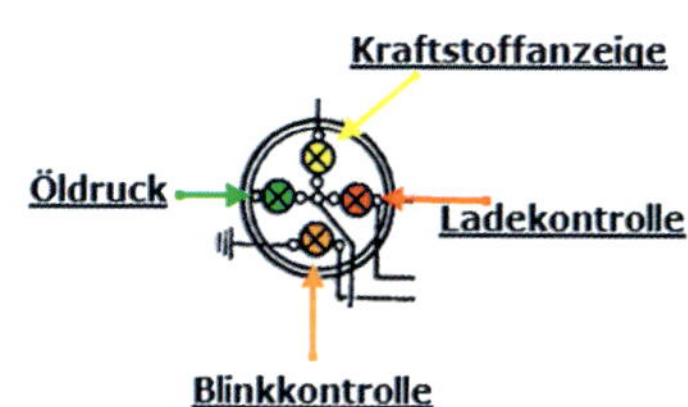

Abb. 152 Vierfachanzeige.

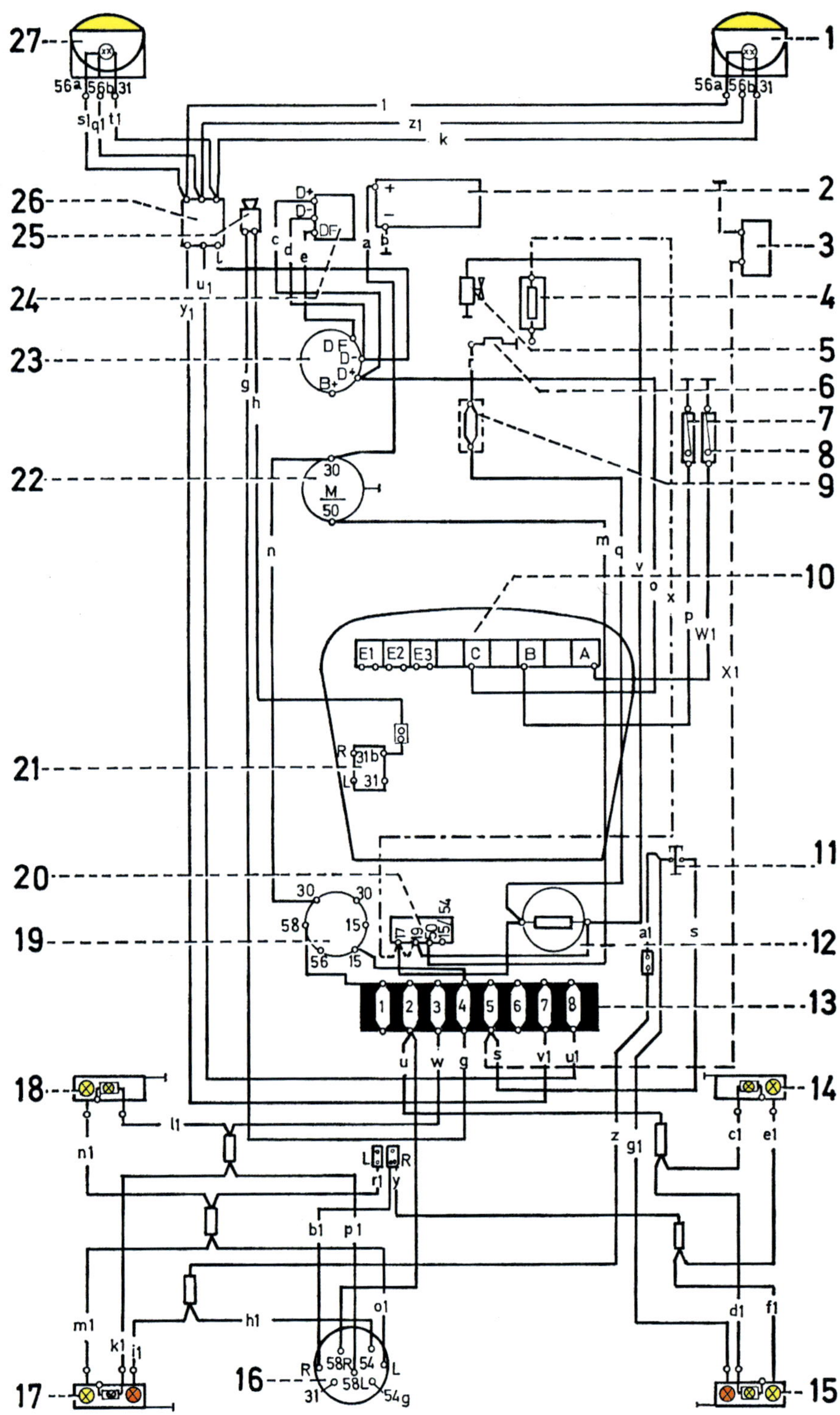

1
2
3
4
5
6
7
8
9
10
11
12
13
14
15
16
17
18
19
20
21
22
23
24
25
26
27

Abb. 153 Schaltplan Deutz D8006.

Belegungsnummern des Schaltplans Deutz D8006

1	Scheinwerfer
2	Batterie
3	Scheibenwischer
4	Heizflansch
5	Magnetventil
6	Flammglühkerze
7	Öldruckschalter
8	Unterdruckschalter
9	Sicherung 25 A
10	Anzeigeleuchte
A	Filterkontrolle
B	Öldruckkontrolle
C	Ladekontrolle
11	Bremslichtschalter
12	Glühüberwacher
13	Sicherung
14	Blink/Positionsleuchte
15	3-Kammer-Leuchte
16	Anhängersteckdose
17	3-Kammer-Leuchte
18	Blink/Positionsleuchte
19	Licht-Zündschalter
20	Glüh-Anlassschalter
21	Blinkerschalter
22	Anlasser
23	Drehstromlichtmaschine
24	Regler Schalter
25	Signalhorn
26	Steckverbindung
27	Scheinwerfer

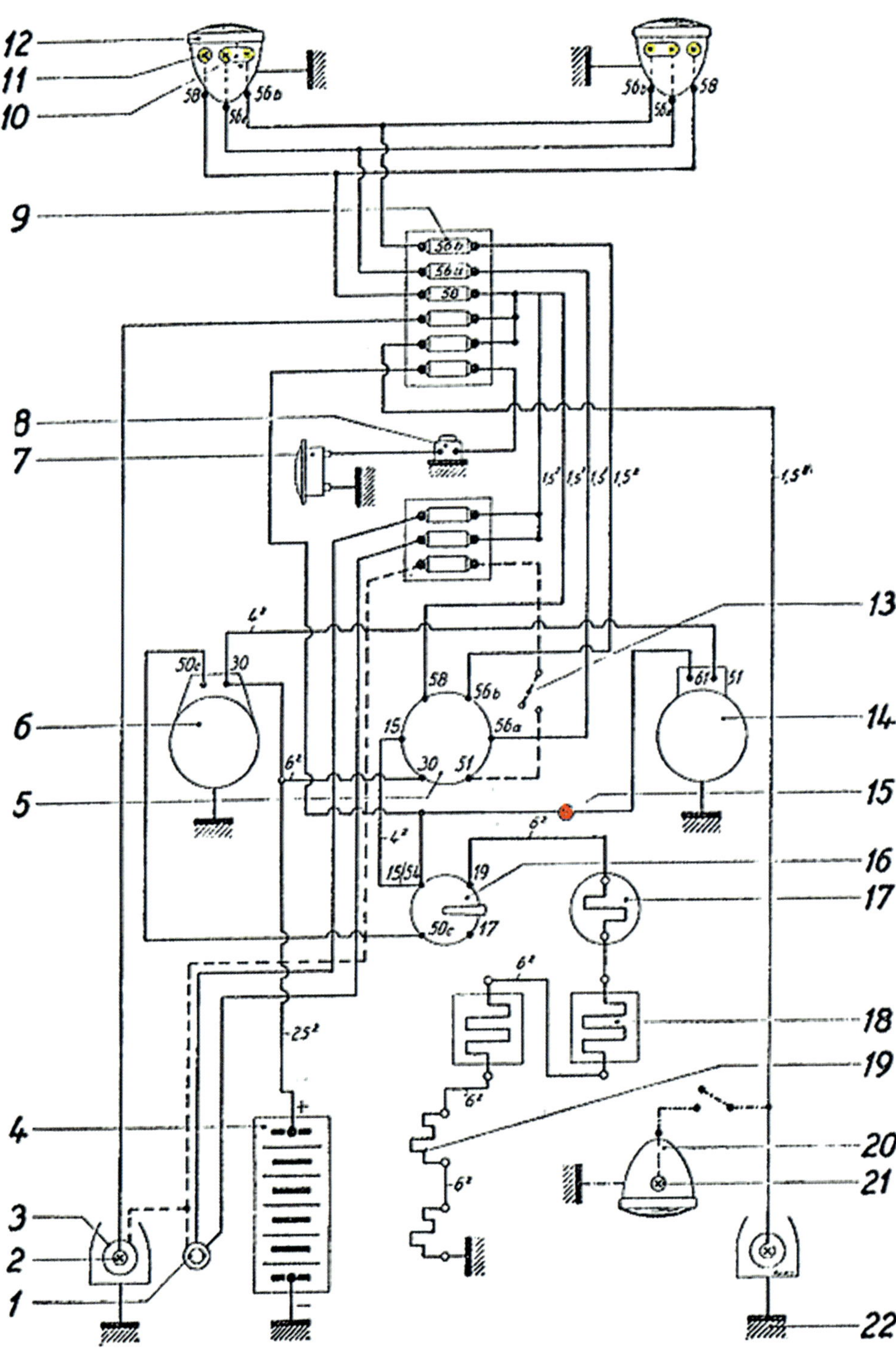
12
11
10
9
8
7
6
5
4
3
2
1
13
14
15
16
17
18
19
20
21
22

Abb. 154 Schaltplan Eicher.

Belegungsnummern zum Schaltplan Eicher

1 Anhänger-Steckdose
2 Glühlampe für Schlussleuchte
3 Schlussleuchte
4 Batterie
5 Schaltkasten
6 Anlasser
7 Horn
8 Druckknopf
9 Sicherungen 8 A
10 Biluxlampe
11 Glühlampe für Standlicht 1,5 W
12 Scheinwerfer
13 Stoppschalter
14 Lichtmaschine
15 Ladekontrollleuchte
16 Anlassschalter
17 Anzeigewiederstand
18 Glühkontroller
19 Glühkerze
20 Gerätescheinwerfer
21 Glühlampe für Gerätescheinwerfer
22 Sinnbild für Masse

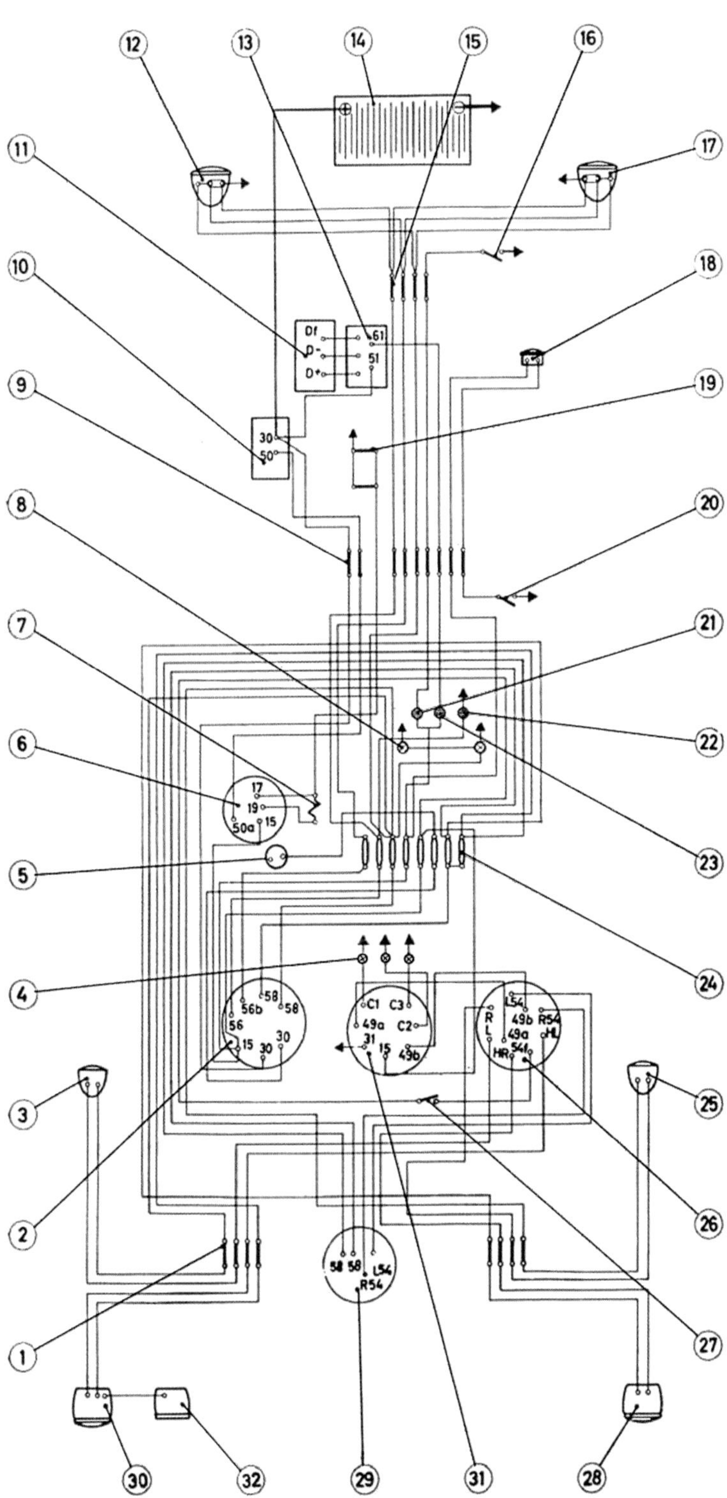
1
2
3
4
5
6
7
8
9
10
11
12
13
14
15
16
17
18
19
20
21
22
23
24
25
26
27
28
29
30
31
32
Df
D-
D+
61
51
30
50
17
19
50a
15
56b
58
58
56
15
30
30
C1
C3
49a
C2
31
15
49b
L54
R
L
49b
R54
49a
HL
HR
54f
58
58
L54
R54

Abb. 155 Schaltplan Deutz D30.

Belegungsnummer zu Schaltplan D30

1	Leitungsverbinder
2	Zündschloss
3	Blink-Positionsleuchte, links
4	Blinkkontrolle
5	Steckdose
6	Glüh- Anlassschalter
7	Glühüberwacher
8	Traktormeter Beleuchtung
9	Leitungsverbinder
10	Anlasser
11	Lichtmaschine
12	Scheinwerfer, links
13	Regler
14	Batterie
15	Leitungsverbinder
16	Öldruckschalter
17	Scheinwerfer, rechts
18	Horn
19	Glühstiftkerzen
20	Signalkopf
21	Öldruck-Kontrollleuchte
22	Fernlicht-Kontrollleuchte
23	Ladekontrolle
24	Sicherung
25	Blink-Positionsleuchte, rechts
26	Blinkschalter
27	Bremslichtzugschalter
28	Schluss-Brems-Blinkleuchte
29	Anhängersteckdose
30	Schluss-Brems-Blinkleuchte
31	Blinkgeber
32	Kennzeichenleuchte
→	zur Masseverbindung

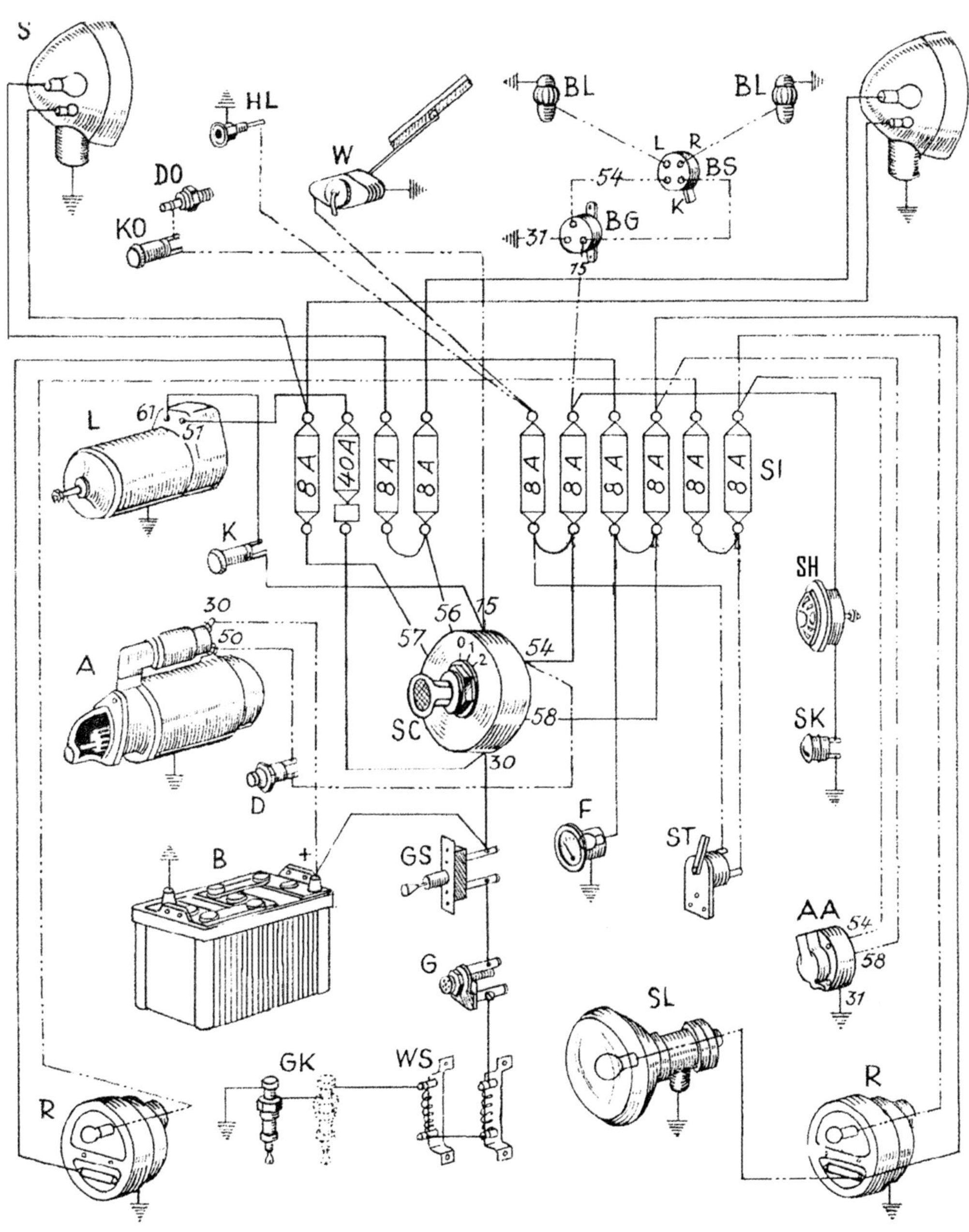
S
HL
W
BL
BL
L
R
BS
54
DO
K
KO
BG
31
75
61
L
57
8 A
40 A
8 A
8 A
8 A
8 A
8 A
8 A
8 A
8 A
SI
K
SH
30
50
57
56
75
A
0
1
2
54
SC
58
SK
30
D
F
B
+
GS
ST
AA
54
58
G
31
SL
GK
WS
R
R

Abb. 156 Schaltplan Fendt-Dieselross.

Belegungsnummern zum Dieselross-Schaltplan

A	Anlasser
AA	Anschluss für Anhänger-Beleuchtung
B	Batterie
BG	Blinkgeber
BL	Blinkleuchte
BS	Blinkschalter
D	Druckknopfschalter
DO	Öldruckschalter
F	Fernthermometer
G	Glühüberwacher
GK	Glühkerze
GS	Glühkerzenschalter
HL	Handlampenanschluss
K	Lade-Anzeigeleuchte
KO	Öldruck-Anzeigeleuchte
L	Lichtmaschine
R	Schluss- und Bremsleuchte
S	Scheinwerfer
SC	Schaltkasten
SH	Signalhorn
SI	Sicherung
SK	Signalkopf (Lenkrad)
SL	Sucher
ST	Bremslichtschalter
W	Wischer
WS	Widerstand

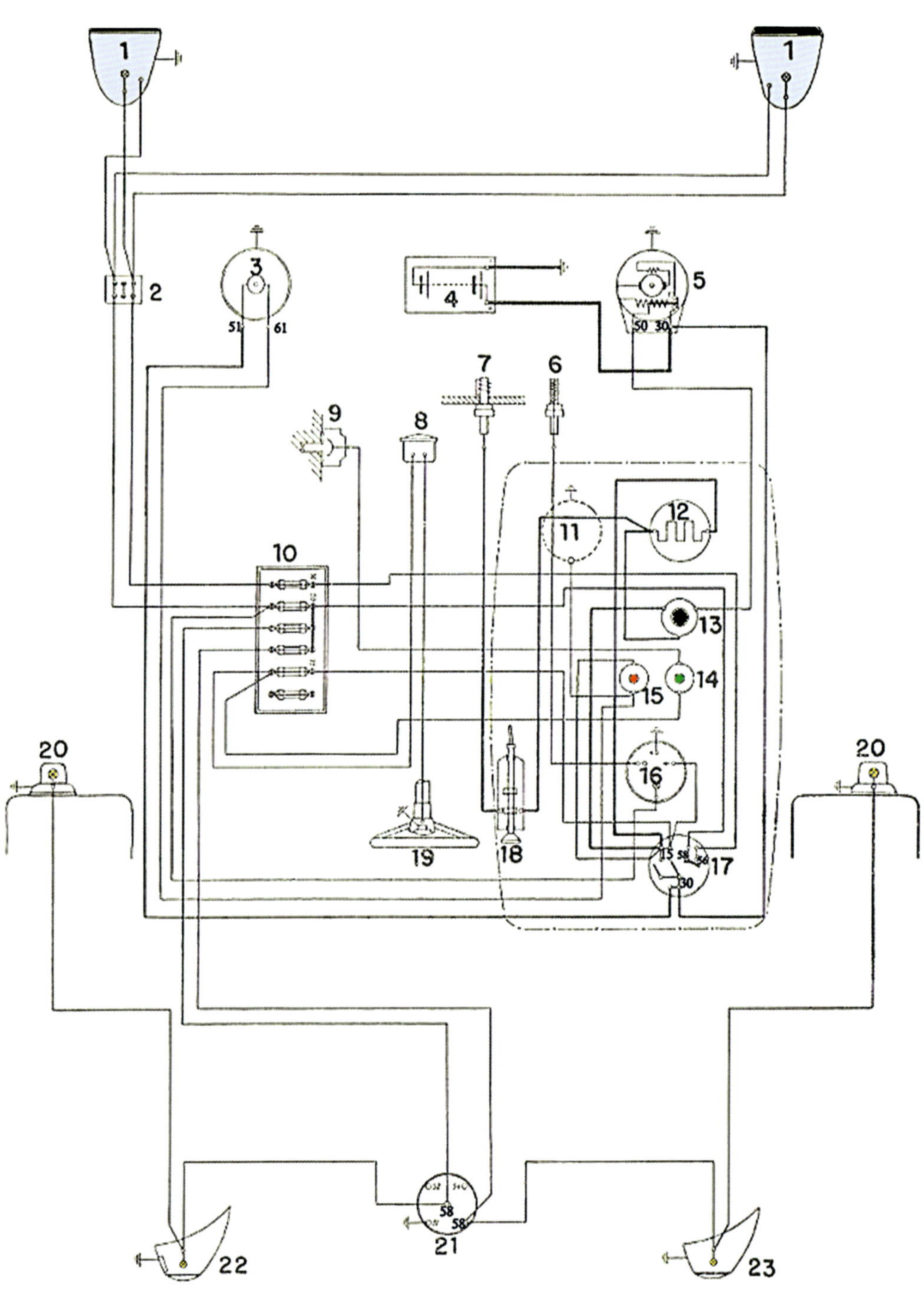
1
1
2
3
51
61
4
5
50 30
7
6
9
8
10
11
12
13
14
15
16
17
15
30
18
19
20
20
21
58
58
22
23

Abb. 157 Schaltplan MAN 4L2.

Belegungsnummern zum Schaltplan 4L2

1 Scheinwerfer
2 Leitungsverbinder
3 Lichtmaschine
4 Batterie
5 Anlasser
6 Geber für Fernthermometer
7 Glühkerze
8 Signalhorn
9 Öldruckschalter
10 Sicherungsdose
11 Betriebsstundenzähler (Sonderausrüstung)
12 Glühüberwacher
13 Anlassdruckknopf
14 Öldruck-Kontrollleuchte (grün)
15 Ladestrom-Kontrollleuchte (rot)
16 Kühlwasser-Fernthermometer
17 Schaltkasten
18 Zugglühschalter
19 Horndruckknopf
20 Begrenzungsleuchten
21 Anhängersteckdose
22 Schluss-Kennzeichenleuchte
23 Schlussleuchte

Anhängersteckdose

7-pol. Anhängersteckdose richtig belegen

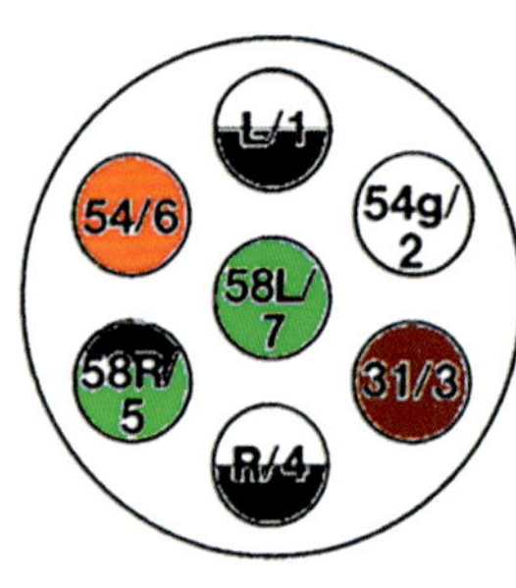

Abb. 158 7-pol. Steckdose von vorne gesehen.

1 L Blinker links
2 54g Nebelschlusslicht
3 31 Masse
4 R Blinker rechts
5 58R Schlusslicht rechts
6 54 Bremslicht
7 58L Schlusslicht links

Abb. 159 Steckdose von hinten gesehen.

Abb. 160 7-pol. Stecker.

13-pol. Anhängersteckdose richtig belegen

Hinweis:
Wer originalgetreu restauriert, baut eine 7-pol. Steckdose an, denn eine 13-pol. gab es damals noch nicht.

Achtung:
Es kommt jetzt noch darauf an, ob eine Einkreis- oder Zweikreisblinkanlage verbaut ist.
Bei der Einkreis-Blinkanlage muss der Anhänger auch dafür ausgelegt sein. Beim Original war es nämlich so, dass L1 und R4 nicht belegt waren und die Blinker über 58L und 58R kamen (Zweikammerleuchte).
Möchte man die Steckdose so anschließen, dass man sie auch für einen neueren Anhänger benutzen kann, muss L1 und R4 über den Blinker angeschlossen werden.

nach DIN 72570

1	gelb	L	Blinker links
2	blau	54g	Nebelschlussleuchte
3	weiß	31	Masse
4	grün	R	Blinker rechts
5	braun	58R	Rücklicht rechts
6	rot	54	Bremslicht
7	schwarz	58L	Rücklicht links
8	grau	58b	Rückfahrscheinwerfer
9	braun/blau	30	Dauerstrom
10	gelb/rot	30	Ladeleitung
11	frei		
12	frei		
13	schwarz/weiß	31	Masse für 9–12

Abb. 161 13-pol. Steckdose.

Klemmenbezeichnung nach DIN	
Klemme	**Bedeutung**
1	**Zündspule, Zündverteiler** Niederspannung
1a	Zündverteiler mit 2 getrennten Stromkreisen, zum Zündunterbrecher 1
1b	Zündverteiler mit 2 getrennten Stromkreisen, zum Zündunterbrecher 2
2	Kurzschlussklemme (Magnetzündung)
4	Zündspule, Zündverteiler Hochspannung
4a	Zündverteiler mit 2 getrennten Stromkreisen, von Zündspule 1, Klemme 4
4b	Zündverteiler mit 2 getrennten Stromkreisen, von Zündspule 2, Klemme 4
15	**Geschaltetes Plus** (hinter Batterie): Ausgang des Zünd-Fahrt-Schalters
15a	Ausgang am **Vorwiderstand** zur Zündspule, und Starter
17	**Glühstartschalter** Glühen
19	Glühstartschalter Starten
30	Batterie Plus direkt
30a	**Batterieumschaltrelais** 12 V/24 V, Eingang von Batterie 2 Plus
31	Batterie Minus direkt oder Masse
31a	Batterieumschaltrelais 12 V/24 V Rückleitung an Batterie 2 Minus
31b	Rückleitung an Batterie Minus oder Masse über Schalter oder Relais (geschaltetes Minus)
31c	Batterieumschaltrelais 12 V/24 V Rückleitung an Batterie 1 Minus
32	**Elektromotoren**, Rückleitung
33	Elektromotoren, Hauptanschluss
33a	Elektromotoren, Endabstellung
33b	Elektromotoren, Nebenschlussfeld
33f	Elektromotoren, für 2. kleinere Drehzahlstufe
33g	Elektromotoren, für 3. kleinere Drehzahlstufe
33h	Elektromotoren, für 4. kleinere Drehzahlstufe
33L	Elektromotoren, Drehrichtung links
33R	Elektromotoren, Drehrichtung rechts
45	**Starter**, getrenntes Startrelais Ausgang; Starter: Eingang (Hauptstrom)
45a	2-Starter-Parallelbetrieb, Startrelais für Einrückstrom, Ausgang Starter 1
45b	2-Starter-Parallelbetrieb, Startrelais für Einrückstrom, Ausgang Starter 2
48	Klemme am Starter und am **Startwiederholrelais**, Überwachung des Startvorgangs
49	**Blinkgeber** Eingang
49a	Blinkgeber Ausgang
49b	Blinkgeber Ausgang 2. Blinkkreis
49c	Blinkgeber Ausgang 3. Blinkkreis

50	Starter, **Startersteuerung**
50a	Batterieumschaltrelais, Ausgang für Startersteuerung
50b	Startersteuerung, Parallelbetrieb von 2 Startern mit Folgesteuerung
50c	Startrelais für **Folgesteuerung** des Einrückstroms bei **Parallelbetrieb von 2 Startern**, Eingang in Startrelais für Starter 1
50c	Startrelais für Folgesteuerung des Einrückstroms bei Parallelbetrieb von 2 Startern, Eingang in Startrelais für Starter 2
50d	**Startsperrrelais**, Eingang
50f	Startsperrrelais, Ausgang
50g	**Startwiederholrelais**, Eingang
50h	Startwiederholrelais, Ausgang
51	**Wechselstromgenerator**, Gleichspannung am Gleichrichter
51a	Wechselstromgenerator, Gleichspannung am Gleichrichter mit Drosselspule für Tagfahrt
52	**Anhänger-Signale**: weitere Signale vom Anhänger zum Zugfahrzeug
53	**Wischermotor** Eingang (+)
53a	Wischermotor (+) Endabstellung
53b	Wischer Nebenschlusswicklung
53c	Elektrische **Scheibenspülmittelpumpe**
53c	Wischer, **Bremswicklung**
53i	Wischermotor mit Permanentmagnet und 3. Bürste für höhere Drehzahl
54	Anhänger-Signale, Anhänger-Steckvorrichtungen und Leuchtenkombinationen, Bremslicht
54g	Anhänger-Signale, Druckluftventil für Dauerbremse im Anhänger, elektromagnetisch betätigt
54f	Warnblinker Blinkerschalter Schaltkontakt
55	**Nebelscheinwerfer**
56	**Scheinwerferlicht**
56a	Scheinwerferlicht, Fernlicht und **Fernlichtkontrolle**
56b	Scheinwerferlicht, Abblendlicht
56d	Scheinwerferlicht, **Lichthupe**
57	**Standlicht** für Krafträder (im Ausland auch für Pkw und Lkw)
57a	**Parklicht**
57L	Parklicht links
57R	Parklicht rechts
58	**Begrenzungslicht, Schlusslicht, Kennzeichenbeleuchtung und Instrumentbeleuchtung**
58b	Schlusslichtumschaltung bei Einachs-Schleppern
58c	Anhänger-Steckvorrichtung für einadrig verlegtes und im Anhänger abgesichertes Schlusslicht
58d	Einstellbare **Instrumentenbeleuchtung**, Schlussleuchte und Begrenzungsleuchte
58L	**Begrenzungsleuchte** links
58R	Begrenzungsleuchte rechts

59	Wechselstromgenerator (Magnetzünder-Generator), Wechselspannung Ausgang bzw. Gleichrichter Eingang
59a	Wechselstromgenerator, Ladeanker Ausgang
59b	Wechselstromgenerator, Schlusslichtanker Ausgang
59c	Wechselstromgenerator, Bremslichtanker Ausgang
61	**Generatorkontrolle**
71	**Tonfolgeschaltgerät**, Eingang
71a	Tonfolgeschaltgerät, Ausgang zu Horn 1 + 2 (tief)
71b	Tonfolgeschaltgerät, Ausgang zu Horn 3 + 4 (hoch)
72	**Alarmschalter** (Rundumkennleuchte)
75	**Radio, Zigarettenanzünder**
76	Lautsprecher
77	**Türventilsteuerung**
81	Schalter (**Öffner** und **Wechsler**), Eingang
81a	Schalter (Öffner und Wechsler), 1. Ausgang
81b	Schalter (Öffner und Wechsler), 2. Ausgang
82	Schalter **(Schließer)**, Eingang
82a	Schalter (Schließer), 1. Ausgang
82b	Schalter (Schließer), 2. Ausgang
82z	Schalter (Schließer), 1. Eingang
82y	Schalter (Schließer), 2. Eingang
83	Schalter **(Mehrstellenschalter)**, Eingang
83a	Schalter (Mehrstellenschalter), Ausgang Stellung 1
83b	Schalter (Mehrstellenschalter), Ausgang Stellung 2
83L	Schalter (Mehrstellenschalter), Ausgang Stellung links
83R	Schalter (Mehrstellenschalter), Ausgang Stellung rechts
84	**Stromrelais**, Eingang Antrieb und Relaiskontakt
84a	Stromrelais, Ausgang Antrieb
84b	Stromrelais, Ausgang Relaiskontakt
85	**Schaltrelais**, Ausgang Antrieb Wicklungsende (Minus oder Masse)
86	Schaltrelais, Eingang Antrieb Wicklungsanfang
86a	Schaltrelais, Eingang Antrieb Wicklungsanfang 1. Wicklung
86b	Schaltrelais, Eingang Antrieb Wicklungsanfang 2. Wicklung

87	Relaiskontakt bei Öffner und Wechsler, Eingang
87a	Relaiskontakt bei Öffner und Wechsler, 1. Ausgang (Öffnerseite)
87b	Relaiskontakt bei Öffner und Wechsler, 2. Ausgang
87c	Relaiskontakt bei Öffner und Wechsler, 3. Ausgang
87z	Relaiskontakt bei Öffner und Wechsler, 1. Eingang
87y	Relaiskontakt bei Öffner und Wechsler, 2. Eingang
87x	Relaiskontakt bei Öffner und Wechsler, 3. Ausgang
88	Relaiskontakt bei Schließer
88a	Relaiskontakt bei Schließer und Wechsler (Schließerseite), 1. Ausgang
88b	Relaiskontakt bei Schließer und Wechsler (Schließerseite), 2. Ausgang
88c	Relaiskontakt bei Schließer und Wechsler (Schließerseite), 3. Ausgang
88z	Relaiskontakt bei Schließer, 1. Eingang
88y	Relaiskontakt bei Schließer, 2. Eingang
88x	Relaiskontakt bei Schließer, 3. Eingang
B+	Batterie Plus
B–	Batterie Minus
D+	Dynamo Plus
D–	Dynamo Minus
DF	Dynamo-Feld (Generator-Erregerstrom)
DF1	Dynamo-Feld 1 (Generator-Erregerstrom)
DF2	Dynamo-Feld 2 (Generator-Erregerstrom)
U	**Drehstromgenerator**, Drehstromklemme
V	Drehstromgenerator, Drehstromklemme
W	Drehstromgenerator, Drehstromklemme (Anschluss Drehzahlmesser)
C	**Fahrtrichtungsanzeige** (Blinkgeber) 1. Kontrollleuchte
C0	Hauptanschluss für vom Blinkgeber getrennte Kontrolllampe
C2	Fahrtrichtungsanzeige (Blinkgeber) 2. Kontrollleuchte
C3	Fahrtrichtungsanzeige (Blinkgeber) 3. Kontrollleuchte (z. B. bei 2-Anhänger-Betrieb)
L	Blinkleuchte links
R	Blinkleuchte rechts

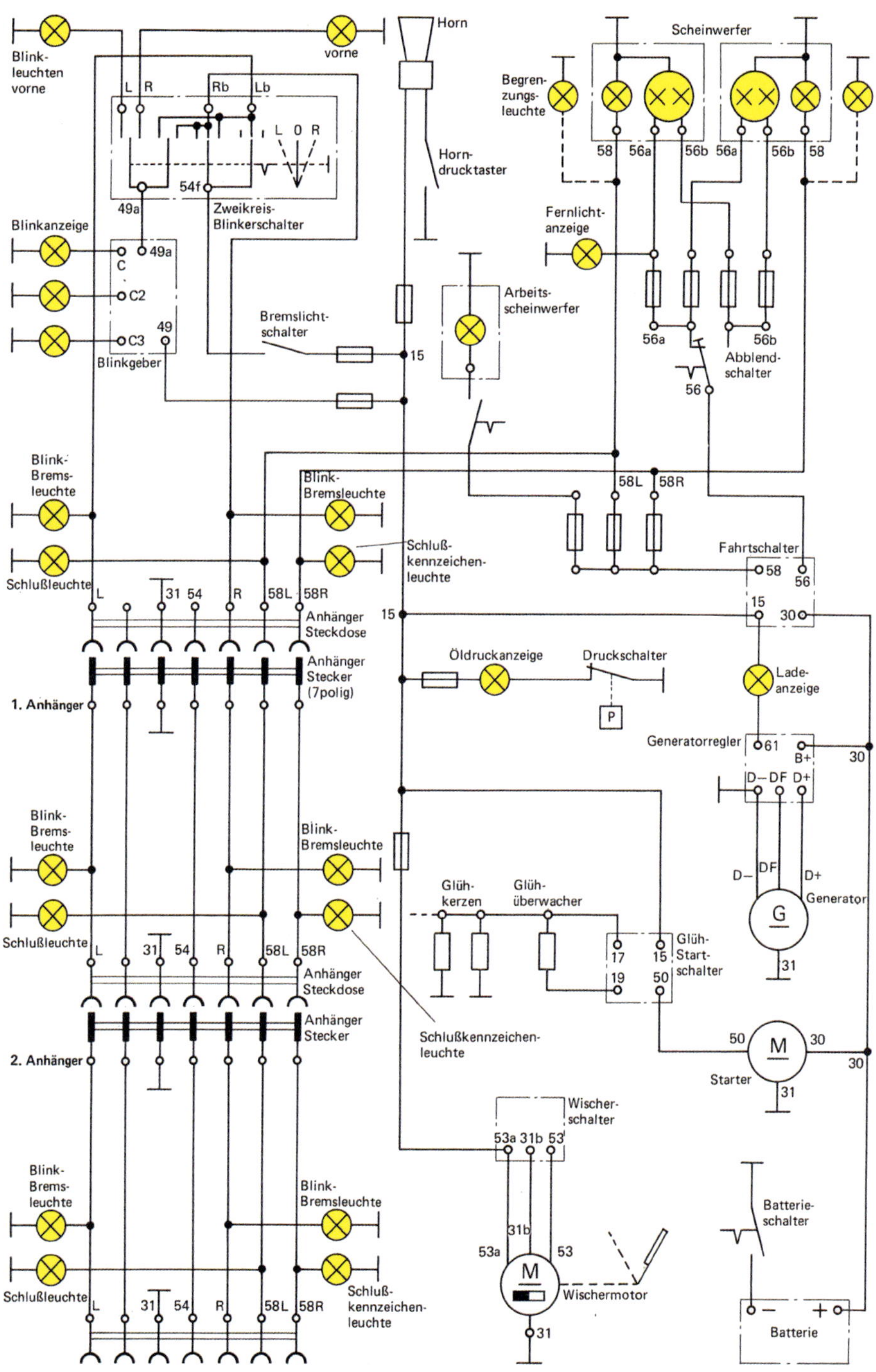

Abb. 162 Schaltplan allgemein Dieselmotor.

Einachsschlepper mit Ottomotor

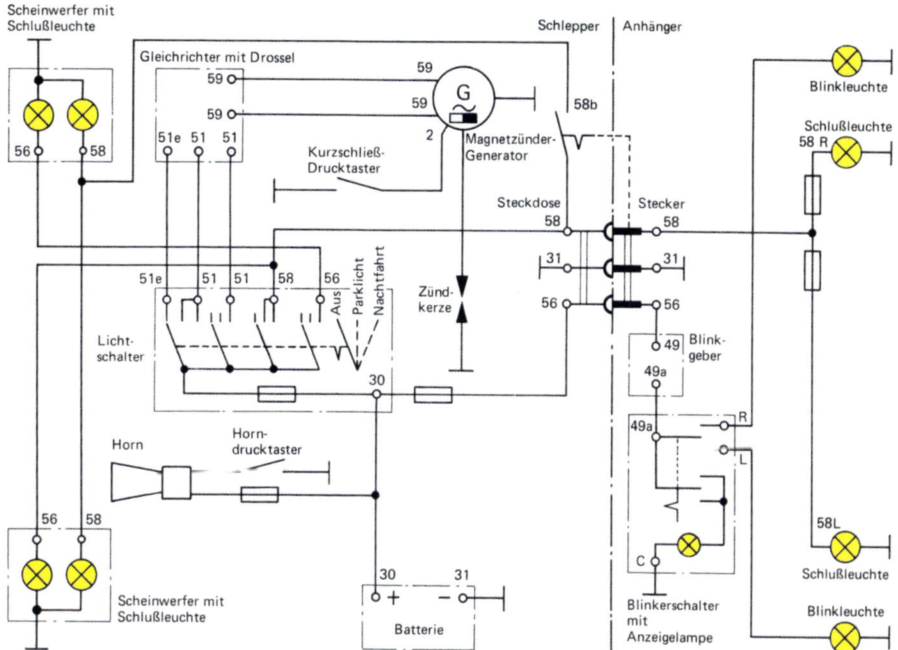

Scheinwerfer am Schlepper angebaut

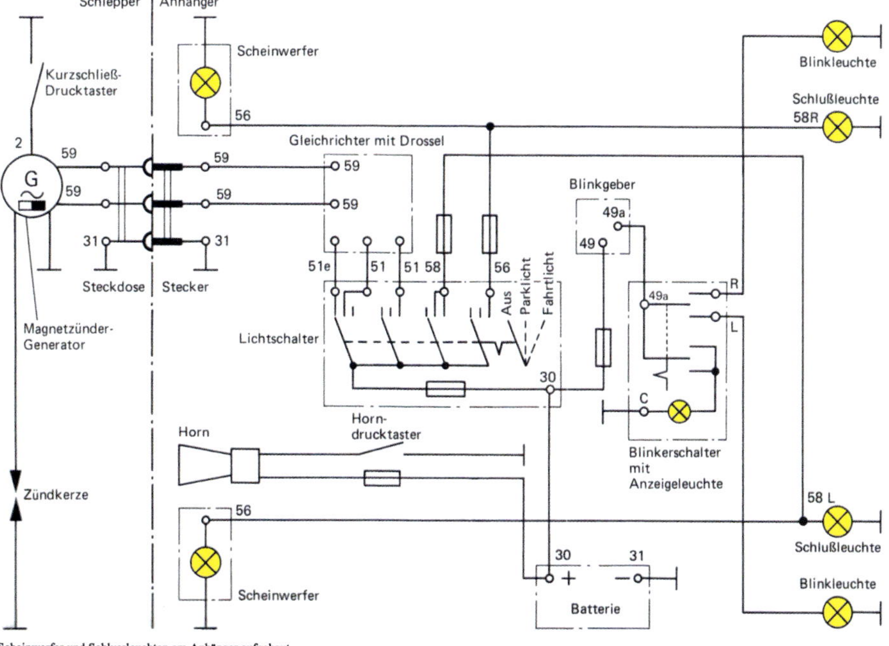

Scheinwerfer und Schlussleuchten am Anhänger aufgebaut

Abb. 163 Schaltplan Allgemein Ottomotor.

Werkzeuge und Kniffe

Um eine fach- und sachgerechte Elektrik im Traktor zu erstellen, sollte man sich ein paar Werkzeuge zulegen. Ich empfehle, diese Werkzeuge in einem gut sortierten Fachhandel zu kaufen und nicht beim Discounter. Bitte nur Markenwerkzeuge kaufen. Billigware hält nicht lange und kostet am ende mehr oder man verletzt sich damit womöglich, z.B. wenn der „günstige“ Steckschlüssel plötzlich abreißt.

Merke:
Werkzeug kauft man sich nur einmal im Leben.

Als Erstes muss ein Ordnungssystem her. Man richtet sich entweder eine Werkbank mit Regalen ein oder man legt sich eine fahrbare Werkzeugkiste an. Sollte man das nötige Kleingeld haben, ist beides natürlich die optimale Lösung - es erspart einem oftmals Wege.

Werkzeuge

Dieses Werkzeug sind für die Arbeiten an der Elektrik unabdingbar. Kosten zusammen ca. 300,- bis 500,-€.

- Steckschlüssel-Kasten (auch Ratschen-Kasten genannt)
- Ringmaulschlüsselsatz
- Maulschlüsselsatz
- Schraubendrehersatz
- Kombizange
- Wasserpumpenzange
- Seitenschneider
- Abisolierzange
- Heißluftfön
- Lüsterklemmenschraubenzieher
- LED-Handleuchte

Spezialwerkzeug

Dazu zählt das Werkzeug, das nicht jeder Handwerker zu Hause hat.

- Presszange für Flachsteckhülsen isoliert
- Presszange für Flachsteckhülsen unisoliert
- Aderendhülsenzange
- Multimeter
- Zangenamperemeter
- Prüflampe
- Durchgangsprüfer
- Lötkolben/Lötpistole
- LED-Kopflampe (hilft manchmal ungemein)

Abb. 164 Presszange für Flachsteckhülsen isoliert.

Abb. 165 Prüflämpchen

Abb. 166 Presszange für Aderendhülsen.

Abb. 167 Multimeter.

Abb. 168 Durchgangsprüfer.

Abb. 169 Zangenamperemeter.

Abb. 170 Lötpistole.

Abb. 171 Glasfaserstift.

Glasfaserstift

Dieser Stift eignet sich hervorragend, um Kontakte z. B. von Glühlampen oder Kontaktfedern zu reinigen, ohne Material abzutragen. Mit diesem Stift kann man hervorragend Oxidationen an Steckkontakten entfernen.

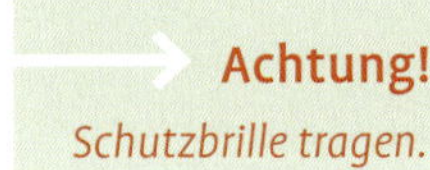

Achtung!

Schutzbrille tragen.

Abb. 172 Kopflampe.

Kopflampe

Die Kopflampe ist ein sehr wichtiges Utensil in der Werkzeugkiste eines Heimwerkers. Auch wenn die Werkstatt noch so gut beleuchtet ist, kann man mit der Kopfleuchte punktgenau beleuchten und hat dabei noch die Hände frei.

Powerprobe®

Mein absolutes Lieblingswerkzeug, wenn man noch Geld übrig hat. Powerprobe®, die „Eierlegende Wollmilchsau" in der Kfz-Elektrik.

Das Gerät kann Folgendes:

- Polaritätsprüfung
- Durchgangsprüfung
- Aktivieren von Komponenten der Fahrzeugelektrik
- Prüfung von Anhängerleuchten und ihren Verbindungen
- Aktivieren elektrischer Komponenten mit positiver (+) Spannung

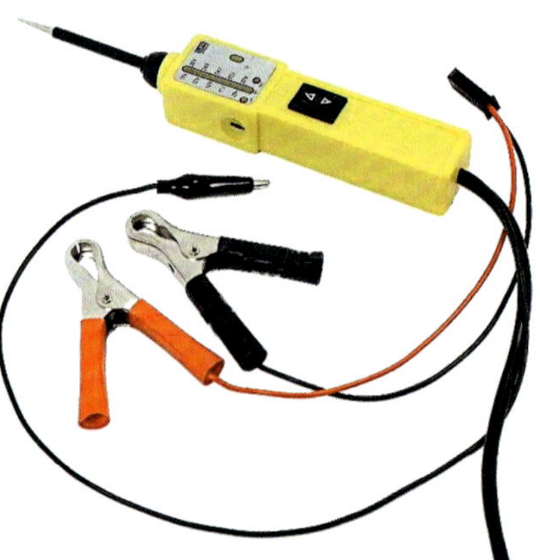

Abb. 173 Powerprobe.

- Aktivieren elektrischer Komponenten mit negativer (–) Spannung
- Überbrückungskabelfunktion (Lampen, Kabel usw.)
- Prüfung auf schlechte Massekontakte
- Verfolgen und Aufspüren von Kurzschlüssen
- Verwenden von Leuchte und Signalton (Powerprobe® II)

Hier ca.-Preise für die oben genannten Werkzeuge.

Werkzeug	Preis
Presszange für Flachsteckhülsen	von 20 bis 100 €
Prüflämpchen	ca. 6 €
Multimeter	ab 5 €
Presszange für Aderendhülsen	ab 15 bis 100 €
Zangenamperemeter AC/DC	ab 50 €
Durchgangsprüfer	ab 15 €
Glasfaserstift	ca.2–5 €
Powerprobe	ab ca. 60 bis 179 €
Lötpistole	ab ca. 20 €
Kopflampe	ab 10 €

Chemikalien

Auch einiges an „Chemie“ sollte man zu Hause haben. Das braucht jeder ambitionierte Handwerker. Dazu zählt:

- Bremsenreiniger (gibt es in der Dose)
- Silikonspray
- Kontaktspray
- Sprühöl
- Batteriepolfett

Zubehör, das man haben sollte

- Kabelschuhe
- Flachsteckhülsen
- Schrumpfschläuche
- Schrauben und Muttern
- Aderendhülsen
- Kabeltüllen
- Kabelbinder

Abb. 174 Schrumpfschläuche.

Abb. 175 Flachsteckhülsen.

Abb. 176 Aderendhülsen.

Abb. 177 Kabeltülle.

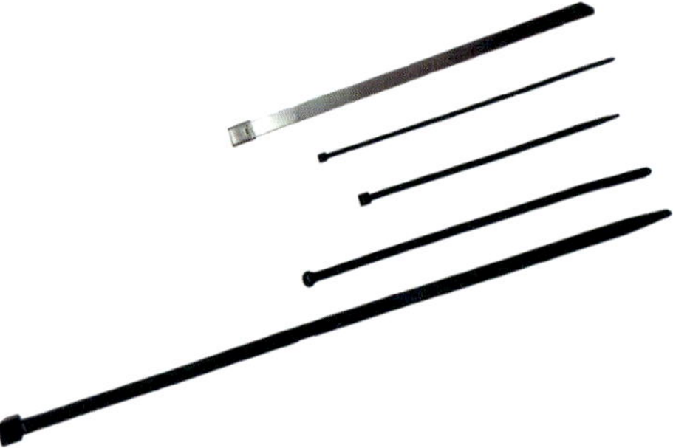

Abb. 178 Kabelbinder in den verschiedensten Größen.

Abb. 179 Schrauben und Muttern.

Abb. 180
Kabelverklemmdose.

Kabel

Es empfiehlt sich, einige Grundfarben und Durchmesser zu Hause zu haben. Farben: Rot, Schwarz und Braun in 1,5 mm² werden immer gebraucht. Restauriert man originalgetreu, muss man sich die Farben kaufen, die im Schaltplan dargestellt sind (Meterware).
Soll es nur funktionieren ohne Anspruch auf Originaltreue, kann man sich beliebige Farben kaufen.

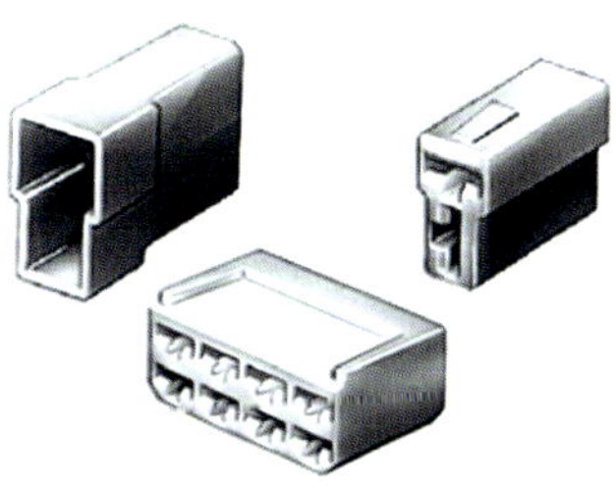

Abb. 181 Hella Flachsteckgehäuse. Diese gibt es für eine unterschiedliche Anzahl an Kabeln. Sie reichen von einfach bis achtfach.

> **Tipp!**
> *Ich rate immer dazu, sich die Originalfarben zu kaufen. Bei einer evtl. späteren Fehlersuche ist man sehr dankbar, die gleichen Farben wieder im Schaltplan zu finden. Es steigert zudem den Wert des Fahrzeuges.*

Flachsteckgehäuse

An verschiedenen Stellen am Traktor ist es notwendig, dass die Kabel wieder gelöst werden können, z. B. Kabelverbindungen, die nach hinten gehen. Dort ist es ratsam, entweder Kabelverklemmdosen einzubauen oder Steckhülsengehäuse für unisolierte Flachstecker.

Kniffe

Hier noch einige Kniffe, die ich bislang nicht erwähnt habe, die einem aber doch helfen können, den Fehler zu finden.

Abb. 182 Kabelrolle.

Masseschluss suchen

Sollte an einem Bauteil ein Kurzschluss gegen Masse sein, so brennt immer die Sicherung durch. Um nicht unnötig Sicherungen zu verbraten oder einen Kabelbrand zu riskieren, gibt es zwei Möglichkeiten:

Abb. 183 Prüfung.

1. Man verwendet einen Sicherungsautomaten zum Auffinden des Fehlers oder
2. man schließt an die dazugehörige Sicherung (Sicherung ausbauen) an beide Klemmen eine ca. 35 Watt- oder H7-Glühlampe an (Achtung! Wird sehr heiß.). Diese leuchtet so lange, bis der Fehler beseitigt ist (unerwünschter Masseschluss). Dann muss man den entsprechenden Kabelstrang suchen und durch Verdrehen oder Wackeln den Fehler finden.

Fehlende Masse

Wenn ich blinke, blinkt das Bremslicht, beim Bremsen geht die Nummernschildbeleuchtung an. Woran liegt das?
Die Schwachstelle bei der Verkabelung ist sehr oft die Masse. Da meist nur Kabel zu den Plus-Seiten der Lampen geführt werden und Minus nur an einer Stelle vom Stecker an Masse kommt und dann bei den einzelnen Lampen wieder der Minusanschluss lokal mit der Karosserie verbunden wird, wenn also alle Lampen links, rechts und die Kennzeichenbeleuchtung verrückt spielen, ist vermutlich der Kontakt vom Minus zur Karosserie schlecht.

*Ich empfehle, **alle** Leuchten im Traktor mit einem zusätzlichen Massekabel zu verbinden. Das ist die beste Lösung, und man geht allen Kontaktschwierigkeiten aus dem Weg.*

Beim Anhänger kann es auch sein, dass die Lampen ihre Masse über die Deichsel bekommen. Das führt regelmäßig zu Kontaktproblemen. Am besten immer ein Massekabel mit dazu verlegen. Gibt es ein lokales Problem, also nur links oder rechts, dann muss dort die Masseverbindung überprüft werden.

Im Anhänger
Versuchsweise mit einem Kabel die Masse vom Traktor mit der Masse im Anhänger in der Nähe der Glühlampen verbinden. Wenn es dann funktioniert, untersucht man die Verbindungen vom Anhängerende bis zur Deichsel. So kann man die Unterbrechung eventuell finden.

Glühlampen leuchtet schwach

Hier sollte man zwei verschiedene Messungen durchführen (Voraussetzung: Batterie in Ordnung):
1. Versorgungsspannung messen
2. Spannungsverlust prüfen

Spannungsverlust über Masse messen
Klemme 31 Licht zur Klemme 31 Batterie - Spannungsverlust zwischen 0 und 0,5 Volt.

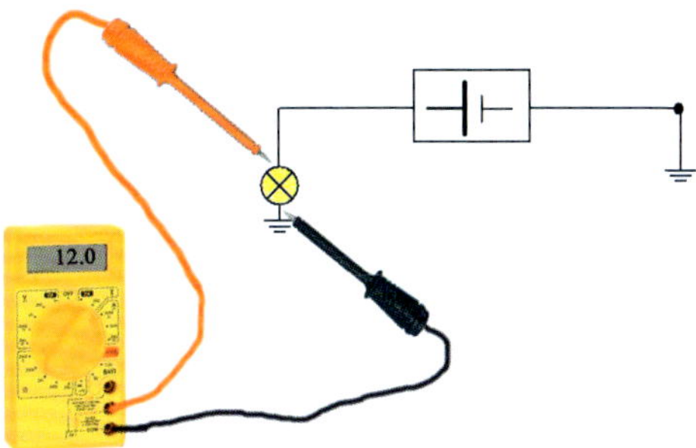

Abb. 184 Versorgungsspannung: hier sollten etwa 12 Volt angezeigt werden.

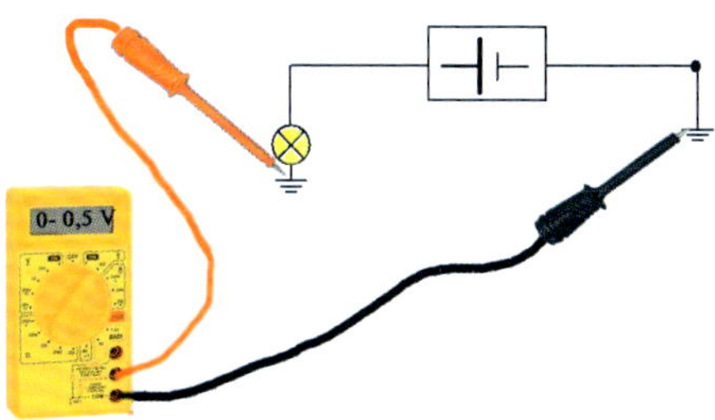

Abb. 185 Spannungsverlust messen.

Spannungsverlust plusseitig
Diese Messung kann man auch vom Licht zum Lichtschalter machen. Aber auch dort darf höchstens ein Spannungsverlust von 0 – 0,5 Volt entstehen.
Die letzte Messung wäre von Klemme 30 Lichtschalter zur Klemme 30 Batterie. Auch hier darf nicht mehr als 0 – 0,5 Volt Spannungsverlust entstehen.

Wie crimpe ich Kabel oder verpresse Aderendhülsen richtig

Um Kabel zu verbinden, wurde früher oft das Löten gewählt. Doch wenn das Kabel häufig bewegt wurde kam es oftmals dazu, dass die Verbindung den mechanischen Belastungen nicht standhielt.
Ein weiterer Nachteil des Lötens ist noch, dass auf diese Weise erzeugte Lötverbindungen im Prinzip inhomogen sind.
Das Crimpen ist dem Löten in der Verbindungstechnik heute weit überlegen auch insbesondere, wenn dickere Querschnitte bearbeitet werden.

Abb. 186 Abisolierzange.

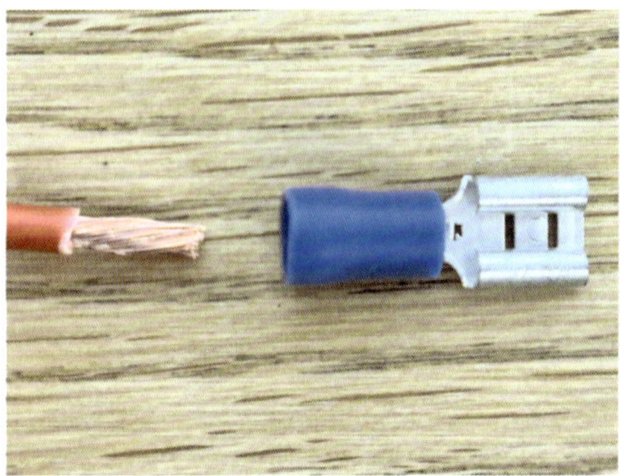

Abb. 187 Abisoliertes Kabel mit Flachsteckhülse.

Zum Verpressen oder crimpen gehört auch das richtige Werkzeug. Das habe ich bereits weiter oben beschrieben. Denn mit dem richtigen und passenden Werkzeug kann eine dauerhafte sichere Verbindung hergestellt werden. Das ist sehr wichtig, damit lose stellen oder Kontaktschwierigkeiten vermieden werden.
Zuerst sucht man sich zum Kabel, zum Beispiel 1,5 mm², den passenden Kabelschuh oder Stecker raus.
Dann isoliert man das Kabel fachgerecht mit dem dazu gehörigen Werkzeug ab. Jetzt kommt das Kabel in den Kabelschuh und wird mit dem richtigen Werkzeug verpresst. Ich empfehle dazu, sich eine "richtige" Presszange zu kaufen, es geht aber auch mit den einfachen Kabelquetschzangen.

Abb. 188 Presszange für Flachsteckhülsen.

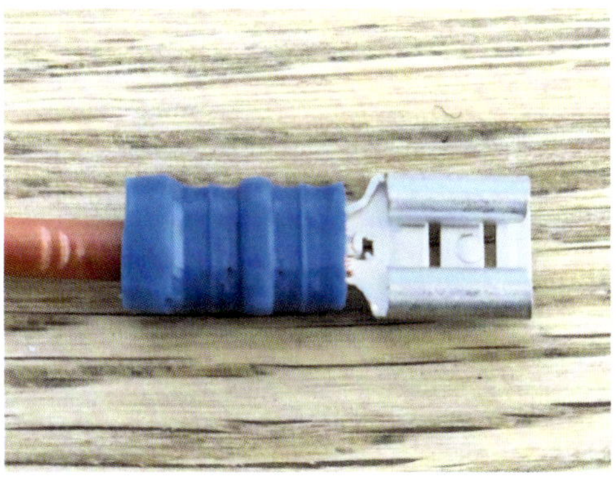

Abb. 189 Perfekt gepresster Kabelschuh.

Abb. 190 Unisolierte Flachsteckhülse.

Abb. 191 Quetschzange für unisolierte Kabelschuhe.

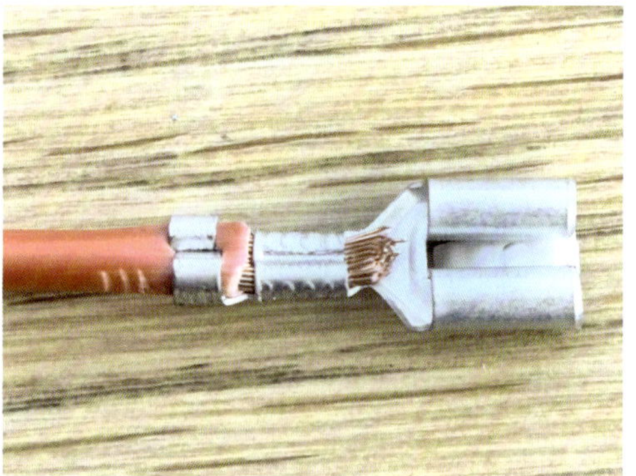

Abb. 192 Gepresste unisolierte Flachsteckhülse.

Abb. 193 Presszange für Aderendhülsen.

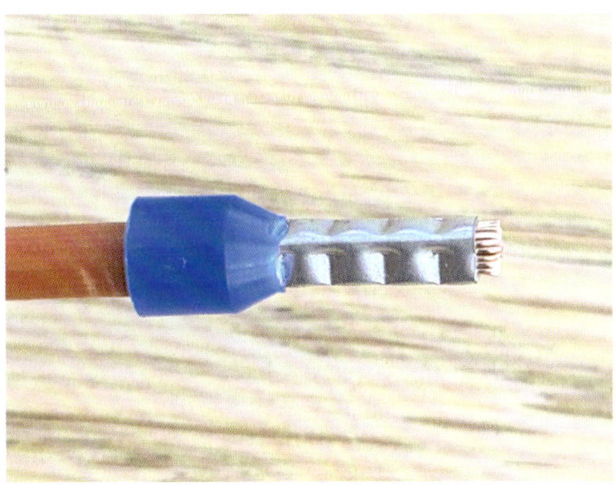

Abb. 194 Perfekt gepresste Aderendhülse.

Hat man auf diese Weise die Stecker und Kabel richtig vercrimpt, steht einer weiteren fachgerechten Montage nichts mehr im Weg.
So kann man sich zum Beispiel einen Stecker selbst herstellen und bei Bedarf mit einem passenden Entriegelungswerkzeug wieder öffnen.

Abb. 195 Stecker in Gehäuse.

Abb. 196 Stecker zusammengesteckt.

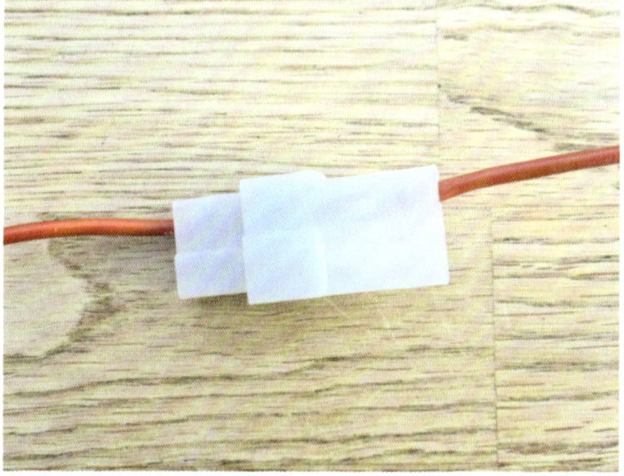

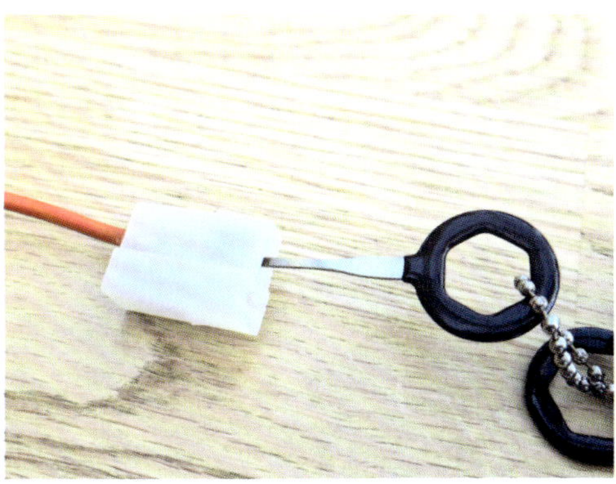

Abb. 197 Entriegeln der Flachsteckhülse.

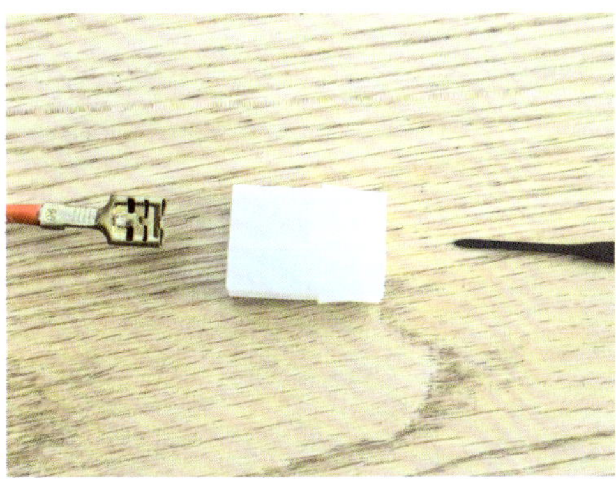

Abb. 198 Flachsteckhülse ausgepinnt.

Wichtige Universal Ersatzteile, die fast an jedem Traktor zu finden			
	Scheinwerfer	1SO 001 430 011	ca. 115 €
	Blinkleuchte mit weißem Positionslicht	2BE003 018 011	ca. 40 €
	Blink- und Positionsleuchte links	2BE 001 278 011	ca. 58 €
	Blink- und Positionsleuchte rechts	2BE 001 278 021	ca. 58 €
	Rückleuchte mit Blinker	2SB 003 018 031	ca. 37 €
	Rückleuchte mit Blinker, oval	2SB 001673002	ca. 31 €
	Rückstrahler	8RA 002 015 021	ca. 3,10 €
	Blinkleuchte	2BA 001 248 001	ca. 31 €
	Blinkleuchte	2BA 001 227 201	ca. 17 €
	Blinkrelais mit Feder	0336202001	ca. 85 €
	Blinkrelais elektronisch	0335200038	ca. 38 €
	Warnblinkschalter	0336851008	ca. 68 €

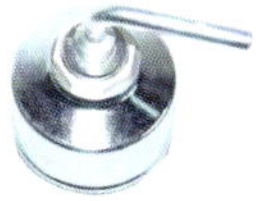	Vorglühschalter	0 343 401 001	ca. 160 €
	Vorglühschalter	0343008005	ca. 41 €
	Glühüberwacher Achtung Amperezahl wichtig	0251002031 Verschiedene Nummern	ca. 35 €
	Zündschloss mit Lichtschalter	0342106012	ca. 60 €
	Sicherungskasten	8JD 002 290 001	ca. 18 €
	Anhängersteckdose	8JB 001 941 002	ca. 7 €
	Bremslichtschalter	6DD 001 551 011	ca. 16 €
	Masseband	8KX 719 757 012	ca. 30 €
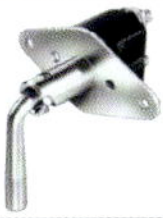	Batterietrennschalter	6EK 001 559 001	ca. 80 €
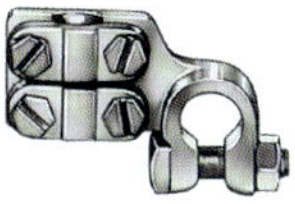	Minuspol	8KX 707 912 001	ca. 12 €
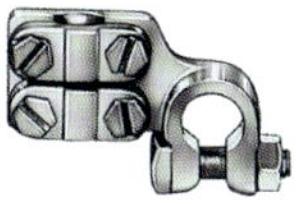	Pluspol	8KX 707 912 011	ca. 12 €
	Steckdose	8JB002286031	ca. 8–10 €

Service

Weiterführende Literatur

Köser, Bernhard (2009): Porsche-Traktoren restaurieren und reparieren. Verlag Eugen Ulmer, Stuttgart

Links

Besuchen Sie den blog des Autors: https://www.michaely.de

Bildquellen

Alle Fotos und Zeichnungen stammen, wenn nicht anders vermerkt, vom Autor.
Artur Piestricow fertigte die Abb. 57, 64, 96, 103, 104 nach Vorlagen des Autors.
Die Abbildungen 24, 30, 39, 44–51 und 58 mit freundlicher Genehmigung der Firma Robert Bosch GmbH, Stuttgart
Die Abbildungen 207, 211–216, 218, 219, 226, 230–234 mit freundlicher Genehmigung der Firma HELLA KGaA Hueck & Co.

Register

Impressum

Titelfotos: Torsten Michaely, mauritius images (Porsche Traktor)

Die in diesem Buch enthaltenen Empfehlungen und Angaben sind vom Autor mit größter Sorgfalt zusammengestellt und geprüft worden. Eine Garantie für die Richtigkeit der Angaben kann aber nicht gegeben werden. Autor und Verlag übernehmen keinerlei Haftung für Schäden und Unfälle.

Anmerkung zur Schreibweise (Gendering): Gendergerechtigkeit und Inklusion sind bei uns gelebte Praxis – bei der Auswahl unserer Themen, bei der Recherchearbeit, in der Gestaltung. Unsere Texte meinen alle. Damit unsere Inhalte jedoch gut lesbar bleiben, verzichten wir in diesem Werk auf die jeweilige Mehrfachnennung oder Anpassung der Schreibweise bestimmter Bezeichnungen an die weibliche, männliche oder diverse Form.

Bibliografische Information der Deutschen Nationalbibliothek
Die Deutsche Nationalbibliothek verzeichnet diese Publikation in der Deutschen Nationalbibliografie; detaillierte bibliografische Daten sind im Internet über http://dnb.d-nb.de abrufbar.

Wollgrasweg 41, 70599 Stuttgart (Hohenheim)
E-Mail: info@ulmer.de
Internet: www.ulmer-verlag.de
Projektleitung: Pia Fehrenbach
Lektorat: Werner Baumeister
Herstellung: Isabell Scherrieble
Umschlagentwurf: Verlag Eugen Ulmer
Satz: r&p digitale medien, Echterdingen
Reproduktion: time:ray, Jettingen
Druck und Bindung: Westermann Druck, Zwickau
Printed in Germany

ISBN 978-3-8186-1654-0